微尺度效应及其
在果蔬干燥中的应用

张乐道◎著

WEICHIDU XIAOYING JI QI
ZAI GUO-SHU GANZAO ZHONG DE YINGYONG

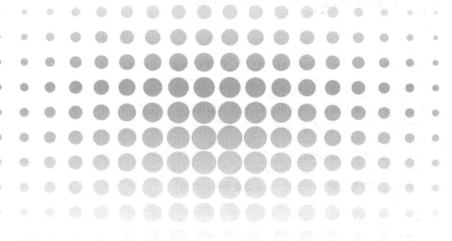

中国纺织出版社有限公司

内 容 提 要

本书以微尺度效应为切入点，研究并介绍了微尺度效应影响下的热质传递，以果蔬干燥过程中形成的多孔结构为工程应用背景，指出了果蔬多孔结构的特性以及微尺度效应在果蔬干燥过程中的应用，为果蔬干燥领域的热质传递理论发展提供了一种新思路。本书可供从事农产品干燥研究和生产应用领域的研究人员使用，也可作为高等院校师生、科研院所、相关企业从事多孔介质水分迁移研究的工作人员的教学参考书。

图书在版编目(CIP)数据

微尺度效应及其在果蔬干燥中的应用／张乐道著. -- 北京：中国纺织出版社有限公司，2022.5

ISBN 978-7-5180-9450-9

Ⅰ. ①微… Ⅱ. ①张… Ⅲ. ①果蔬加工—干制 Ⅳ. ①TS255.3

中国版本图书馆 CIP 数据核字（2022）第 052671 号

责任编辑：闫 婷 责任校对：江思飞 责任印制：王艳丽

中国纺织出版社有限公司出版发行
地址：北京市朝阳区百子湾东里 A407 号楼 邮政编码：100124
销售电话：010— 67004422 传真：010— 87155801
http://www.c-textilep.com
中国纺织出版社天猫旗舰店
官方微博 http://weibo.com/2119887771
三河市宏盛印务有限公司印刷 各地新华书店经销
2022 年 5 月第 1 版第 1 次印刷
开本：710×1000 1/16 印张：8.5
字数：124 千字 定价：88.00 元

前　言

作者多年来致力于微尺度流体流动、粮食和果蔬等多孔介质物料干燥过程中热质传递的研究，了解农产品干燥过程中存在的行业痛点，创新性地引入微尺度理论解决果蔬干燥过程中物料内部传热传质问题，现著此书介绍微尺度效应影响下的热质传递特点及果蔬干燥过程中热质传递的研究进展。

本书内容涉及工程新理论、农产品加工新技术，分为第一、第二两篇，系统介绍了微尺度热质传递和果蔬干燥过程中热质传递的研究成果。第一篇微尺度热质传递中，第1章详细介绍了微尺度效应的相关理论，第2章总结了微尺度效应影响下微尺度通道内的流动特点和流动规律，第3章介绍了微尺度通道内的热量传递的研究进展。第二篇果蔬干燥中的热质传递中，第4章详细介绍了果蔬干燥时形成的孔道，第5章归纳了宏观尺度下的果蔬热质传递的研究成果和研究进展，第6章探讨了微尺度热质传递在果蔬干燥中的应用。

本书在国家自然科学基金（52006109）和内蒙古自治区人才引进项目的支持下完成，引入微尺度效应和含湿多孔介质传热传质的研究方法，针对果蔬干燥中存在的热质传递问题进行了详细、深入的介绍，为果蔬干燥理论的发展提供了理论和技术支撑。

本书可供农业院校、工业院校、农业类科研院所的科研人员和师生参考使用。虽在介绍时尽可能详尽，但难免存在不足之处，恳切希望广大读者提出宝贵意见。

目　录

第一篇　微尺度热质传递

第1章　微尺度效应

微制造技术促进技术更新和成本下降,使微电子和计算机技术飞速发展,催生了现代的电信和网络技术,快速改变着我们的工作和生活方式。人们已经认识到微制造技术的巨大优势和应用于其他领域如机械、化学和生物工程的巨大潜力。微机电系统(micro-electro-mechanical systems,MEMS)和微芯片实验室(laboratory-on-a-chip,LOC)应运而生,见图1-1。

图1-1　微芯片实验室示例

传统的化学和生物实验分为一系列独立的模块,而这些模块又有着相互独立的技术。从简单的器材如烧杯、移液枪、磁力恒温搅拌器、离心机、干燥箱、培养箱到一些复杂的仪器如化学合成仪、PCR扩增仪、紫外分析仪、电泳仪、酶标仪等,这些器材的容积较大,实验过程需要的溶剂和样品量大,操作成本高,反应时间长,而这些相对独立的实验操作步骤又增加了误操作的机会。

基于MEMS理论,20世纪90年代初,Manz等提出了微全分析系统(μTAS)。目的是将分析设备微型化和集成化,最大限度地将分析实验室的功能转移至尺寸很小的芯片上,又称微芯片实验室。微芯片实验室的试剂消耗量低至微升甚至纳升级,而一个芯片可以同时执行多个任务,使分析速度大幅提高,成本大幅下降,极大地节约资源和能源,是一种"绿色"技术。它吸引了许多新型材料和制造技术,在化学分析、化学检测、微量医学注射、生物技术、机械工程和电子工程等领域有着广泛的应用前景。

微芯片实验室装置需要执行一系列微流体功能,包括泵送、混合、反应和分离。为了能够精确控制以上各个操作模块并且使微芯片实验室顺利运行,微流控系统被开发出来。它是一种控制微米级尺度流体的装置和方法,在过去的几十年受到了广泛的关注。它将流体的流动与控制集于一体,提供解决生物和化学工业问题的集成自动化系统,其集成化程度堪比电子集成电路。

在微流动系统中,有一个重要的无量纲数——Knudsen 数(K_n)。K_n 表征分子平均自由程与流动特征尺寸的比值。Schaaf 和 Chambre 与 Beskok 和 Karniadakis 认为 K_n 数可将流动划分为四个区域,如图 1-2 所示。

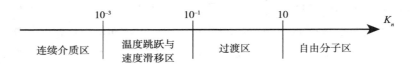

图 1-2 流区的划分

在连续介质区,分子间的碰撞频率远比分子与壁面间的高,N-S 方程及 Fourier 热传导定律适用,可用传统的传热学和流体力学进行研究。

在温度跳跃与速度滑移区,分子之间的碰撞频率仍比分子与壁面之间的碰撞频率高很多,但微尺度效应不能再忽略。该区域内仍采用 N-S 方程和 Fourier 定律,但边界条件需做速度滑移与温度跳跃的修正。

在过渡区,分子间的碰撞频率与分子与壁面间的碰撞频率相当,以分子间碰撞占主导作用为前提的连续介质理论不再适用,以忽略分子间碰撞为前提的自由分子区的理论也不适用,一般从含有碰撞积分项的方程出发,采用数值算法(如 Monte Carl 法)进行研究。

在自由分子区,与分子与固—液界面之间的碰撞相比,分子之间的碰撞可以忽略,该区域流动的物理特性需用分子动力学进行研究。

研究微流动系统内流体的流动性质对提高可操作性,降低能耗,提高响应速度,控制流体的压力、流动方向和流量等方面具有重要意义。

宏观流动中,流体的特征尺寸远大于其分子平均自由程,可认为是连续介质。微尺度下,流动跨越连续、滑移和过渡区,一些基于连续介质理论的概念和规律不再适用,边界条件需要重新考虑,许多在宏观流动中可以被忽略的因素,在微观流动中显得非常重要。当 K_n 小于 0.01 时,连续介质理论适用,当 K_n 大于

0.01 时,连续介质理论不再适用。若 K_n 介于 0.01 和 0.1 之间,对边界做一些修正的连续介质理论仍然可用。Eringen 最早把连续性流体理论应用到微流体系统中,提出了微连续理论。微芯片实验室是建在薄的玻璃或者塑料板上的化学或者生物实验室。典型的微槽道宽和高在 $20 \sim 200\ \mu m$ 之间。微槽道有着非常大的表面体积比,对于直径为 $100\ \mu m$ 的微管,表面体积比即为 $2\pi RL / \pi R^2 L = 2/R = 2 \times 10^4 m^{-1}$。因此,界面效应对微槽道内流体流动的作用不可忽略。Harley 等和 Pfahler 等通过实验研究发现,微流动与宏观流动整体上存在偏离。实验研究观察到了许多无法用传统理论解释的现象。目前,被发现的微尺度效应主要有边界滑移、双电层、表面粗糙度、流体相界面等。

1.1　边界滑移

Navier 于 1823 年首次提出液体在固体表面上存在滑移,现在人们把它称为 Navier 滑移速度。速度滑移,如图 1-3 所示,是指流体在固体表面运动时流体和固体表面的切向速度差,是客观存在的,它的大小不依赖流动系统的尺度。它对流动系统的影响大小取决于滑移长度与流动特征尺度的比值。比值越大,如微米量级尺度的流动系统,越不容忽视,速度滑移对流动系统产生的影响越大;比值越小,如宏观尺度流动,可看作速度滑移对流动系统无影响。

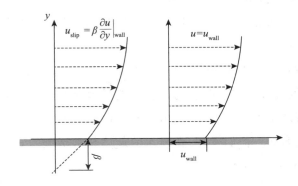

图 1-3　壁面处速度滑移示意图

Zhou 等测得了压力驱动下微管内的边界速度滑移,他们认为边界滑移与压力梯度有关。很多实验研究直接或者间接地证实,不管流动的雷诺数大小,在微槽道的疏水壁面上均会发生边界滑移现象。对于雷诺数远大于 1 的情况,

Watanabe 等观察了自来水在直径为 16 mm、表面涂有丙烯酸树脂涂层管道内的流动,发现固—液界面滑移的存在能使雷诺数在 10^2 和 10^3 之间的流动阻力减少 14%。对于雷诺数远小于 1 的情况,Tretheway 和 Meinhart 测量了 30 μm 高的槽道内水流速度,当通道固—液界面涂以 2.3 nm 厚的单分子层十八烷基三氯硅烷时,在固体表面上可以检测到显著的速度滑移,滑移长度达到 1 μm。这个滑移长度,在微米乃至纳米量级的通道内是不可忽略的。

Joseph 等用 PIV 技术测量了流体流经碳纳米管制造的超疏水界面的滑移长度,认为滑移长度与表面粗糙度有关。Galea 和 Attard 的分子动力学研究结果表明,不论壁面光滑还是粗糙,只要壁面与流体接触,滑移都可以发生。一般分子动力学模拟的滑移长度为几纳米,而实验测得的滑移长度可达数十微米,如 Zhu 和 Granick 测得的滑移长度 $O = 1$ μm,Majumder 与 Choi 和 Kim 测得的滑移长度为 $O = 10$ μm。

液体在可润湿壁面处的滑移一直处于争议状态,Choi 等通过实验检测了水在亲水型和疏水型微槽道内流动的滑移效应,他们不确定亲水型壁面处是否存在速度滑移。Zhu 等使用胶体探针原子力显微镜(AFM)在 $10 \sim 80$ μm/s 的流速下测量邻苯二甲酸二正辛酯流体在对称可润湿二氧化硅系统中的滑移长度为 11 ± 2 nm,在对称性不润湿系统[二氯二甲基硅烷(DCDMS)或者十八烷基三氯硅烷(OTS)]的滑移长度为 46 ± 4 nm。Bonaccurso 等通过测量水力阻力研究了完全润湿壁面附近流动的边界条件。他们认为,在大部分情况下,边界滑移都会发生并且能减少水力阻力。

边界滑移效应在疏水性多聚体上尤其显著。Tretheway 和 Meinhart 研究了疏水微槽道表面滑移的产生机理,认为滑移可能是由存在于固体表面上的纳米气泡或者低密度流体层引起的。Tyrrell 和 Attard 用原子力显微镜(AFM)检测与水接触的疏水玻璃表面。他们发现,在疏水的玻璃与水接触的界面上存在不稳定的厚度为 $20 \sim 30$ nm 的气态纳米气泡。

如今,更多的微流体装置由疏水性材料制成,如聚二甲基硅氧烷(PDMS)、聚甲基丙烯酸甲酯(PMMA)。当微槽道壁面发生速度滑移时,电场或者压力驱动下流体的流速和体积流量将直接受到影响,从而影响溶质在槽道内的停留时间,进一步影响溶质在槽道内的化学反应和扩散。因此,当设计微流动设备且控制其内部流动时,壁面滑移是非常重要的考虑因素。

1.2　双电层

1.2.1　固—液界面双电层

双电层是固—液界面处最重要的物理现象之一。固体表面与电解质溶液接触时,带有静电荷的壁面吸引溶液中的反离子靠近壁面而排斥同离子远离壁面,壁面附近的反离子浓度远大于流体中心的,而同离子浓度远小于流体中心的。壁面上所带的静电荷与被吸引过来的反离子形成双电层(electrical double layer,EDL),如图 1-4 所示。有一层离子被紧紧地吸引在固—液界面处而不能移动,这层离子被称为致密层,通常为几个埃的厚度。致密层中电荷和电势分布主要受离子和分子的大小以及离子之间的短程力影响。从壁面到通道中心区域,离子所受的静电力减弱,可以移动,称为弥散层。弥散层的厚度受溶液的离子浓度和电特性影响。剪切面将致密层和弥散层分开,是一个不可移动的平面。剪切面处的电势可由实验测得,称作 Zeta 电势,记为 ζ。目前,固—液界面处的电势无法测得,通常认为其等于剪切面处的 Zeta 电势。

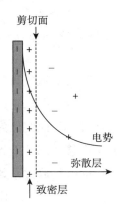

图 1-4　固—液界面处双电层示意图

Luetzenkirchen 和 Richter 测量了涂有十八烷基三氯硅烷(OTS)的二氧化硅表面与不同溶液接触时的 Zeta 电势。研究结果表明,Zeta 电势与所接触溶液的种类、浓度以及 pH 值有关。当接触溶液为水时,pH 值从 2 到 10 对应的 Zeta 电势为 30 mV 到 -170 mV。当接触溶液为 0.02 mol/L 的 KCl 水溶液时,pH 值从

2.5 到 5.5 对应的 Zeta 电势为 10 mV 到−40 mV。

Ren 等在高度为 14.1 μm、28.2 μm 和 40.5 μm 的硅槽道内测量了纯水、10^{-4} mol/L KCl 和 10^{-4} mol/L AlCl$_3$ 水溶液的流动阻力。结果表明,流动阻力与槽道高度、离子化合价和溶液浓度有关,且相同雷诺数下实验值比传统理论计算值大 20%,他们把流动阻力的增加归因于固—液界面处存在的双电层。Kulinsky 等研究了极性溶液在通道内的流动阻力,当水力直径为 90 μm 时,流动阻力比传统模型的预测值提高了 6%;当水力直径减小到几个微米时,流动阻力提高 70%。这些实验数据与基于双电层效应的动电理论吻合,验证了微槽道内的动电效应理论。Gong 和 Wu 通过数值计算研究了微槽道内的流量和速度,表明双电层对流动的阻滞作用。Yang 等研究了压力驱动矩形截面微槽道内水溶液的流动。结果表明,当水溶液浓度低且固—液界面处 Zeta 电势较大时,固—液界面处的双电层对微槽道内的流动影响显著。在设计、制造或者控制微流动设备时,固—液界面处的双电层是必不可少的考虑因素。

1.2.2 边界滑移和双电层的相互影响

Yang 和 Kwok 综合考虑壁面处边界滑移和双电层,研究圆管以及平行平板微槽道内的流动,他们认为双电层和边界滑移对槽道内流体流动的影响都很大,要想更准确地描述疏水性微通道内流体的流动,必须同时考虑双电层和边界滑移。

Churaev 等测量了 10^{-4} mol/L KCl 溶液流经直径为 5~6 μm、表面涂有三甲基氯硅烷的石英毛细管的电动电位,他们利用非离子型表面活性剂使三甲基氯硅烷变成亲水性表面,结果 Zeta 电势降低了,他们认为 Zeta 电势降低是因为滑移长度的减小。Bouzigues 等实验研究了滑移对固—液界面双电层作用(Zeta 电势)的放大效果。他们认为边界滑移对 Zeta 电势放大系数为 $1+\beta\kappa$,也就是说 κ 的值越大,滑移对 Zeta 电势的放大作用越显著。这个作用后来被 Chakraborty 的基于二元混合物的自由能理论模型所证实。Joly 等用分子动力学模拟了壁面润湿度对 Zeta 电势的影响。结果表明,对于润湿壁面,Zeta 电势主要由固—液界面处介电性质决定,对于不润湿壁面,由动电效应引起的 Zeta 电势被存在于固—液界面处的边界滑移放大,Zeta 电势与 $1+\beta\kappa$ 相关。Soong 等考虑了壁面滑移对 Zeta 电势的放大作用,研究了疏水壁面压力驱动微流动,结果表明,滑移对 Zeta 电势的放大作用使滑移对流动的影响更加复杂,与槽道的实际界面条件更接近。

　　Pit 等实验测量了牛顿流体流经固体壁面时的边界滑移,结果表明,壁面和流体的性质均对滑移长度有影响。Pan 和 Bhushan 使用原子力显微镜测量不同外加电场下的表面静电力和滑移长度。他们使用十八烷基三氯硅烷(OTS)作为疏水表面,通过施加正负电压改变表面电荷,采用去离子水和生理盐水做工质,通过检测静电力分析表面电荷浓度的变化,测量水动力获得边界滑移长度,研究了流体流动状态下表面电荷对边界滑移的影响。结果表明,表面电荷会影响滑移长度,表面电荷越强,有效的滑移长度越小。Jing 和 Bhushan 引入表面电荷对滑移长度的影响建立模型,研究了固—液界面滑移和双电层对流体体积流量和表面摩擦系数的作用。

1.2.3　液—液界面双电层

　　液—液界面因广泛存在而受到了重视。当溶有电解质的非极性溶剂与电解质水溶液接触时,会形成一个液—液界面,这个界面称为 ITIES (the interface between two immiscible electrolyte solutions)。ITIES 在两低互溶度(<1% ,按重量比)的溶液间形成,每相都含有电解质;另外,至少部分溶解的电解质能够分解为离子,这样可以确保液体是导电的。ITIES 具有在流体观察不到的结构和动态特性,在实际应用如溶质萃取和相转移催化中是非常重要的,是很多系统的重要组成部分,如化学系统、生物系统和仿生系统。目前,描述 ITIES 结构的模型有三种,如图 1-5 所示。

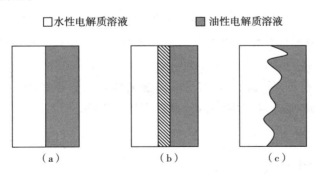

□水性电解质溶液　　　　■油性电解质溶液

（a）　　　　　　　（b）　　　　　　　（c）

图 1-5　ITIES 的结构图
（a）Verwey-Niessen 模型;（b）存在自由离子层的修正 Verwey-Niessen 模型,
或称为混合离子层模型;（c）MD/CW 模型

　　建立 ITIES 模型的先驱是 Verwey 和 Niessen,根据 Verwey-Niessen 理论推测,在互不相溶的两电解质溶液界面上存在着背对背的双电层,每一双电层侧的电荷密度称为界面自由电荷密度,这个假设可以用 Gouy-Chapman 理论帮助理解。与 Stern's 对 Gouy-Chapman 模型的修正类似,Gavach 等人引入了自由离子层的概念,他们认为自由离子层由定向的溶剂分子组成,起分离两相电荷的作用,这也就是后来的修正 Verwey-Niessen 模型,简称为 MVN 模型。MVN模型中,自由离子层两侧的双电层服从 Stern's 双电层理论。MD/CW 模型考虑了 ITIES 处的表面张力波,认为 ITIES 是存在不规则波动的波动界面,不是严格的平界面。

Misra 等研究了 ITIES 两侧带有同号或者异号电荷时,ITIES 附近溶剂极化现象对 ITIES 双电层的影响。结果表明,无论 ITIES 两侧所带电荷是同号还是异号,溶剂极化均使 ITIES 处电势梯度减小。Samec 指出在 ITIES 处电势是连续分布的。Su 等利用 Gouy-Chapman 模型模拟了带电粒子的吸收对 ITIES 电荷分布的影响。他们将界面内层看作一个带电平板,在这个平板上发生离子吸收现象,考虑了不同的吸收等温线,包括基于 Langmuir 和 Frumkin 吸收模型的电势等温线,解 Poisson-Boltzmann 方程推导出电势和电荷密度分布。结果显示,界面处电荷密度分布受到吸收离子的强烈影响,在一定条件下,吸收使界面处电势非单调分布,存在势肼。粒子在某力场中运动,势能函数曲线在空间的某一有限范围内势能最小,形如陷阱,称为势肼。

电化学研究结果表明,当电势差小于 250mV 时,离子不能穿过 ITIES。ITIES处的电势差与溶液的性质有关,当一相中的离子不能通过界面渗透到另一相中时,在 ITIES 处会形成稳定的双电层。Luo 等采用 X 射线反射法测量且分子动力学模拟了 ITIES 处的离子浓度分布。所得实验值与 Poisson-Boltzmann 理论模型的预测值吻合。

已有研究表明,考虑液—液界面处的静电荷以及电势差会使速度振幅变大、导致界面处速度跳跃,对微槽道内的流动有显著影响。

1.3　表面粗糙度

微尺度的表面粗糙度对材料的特性影响显著。Rausch 等使用钛或氧化锆制成的表面培养人类牙龈细胞,他们的研究发现,细胞附着和生长的能力在较粗糙的表面略有下降,某些介导细胞附着的蛋白质的表达受表面粗糙度的强烈影响,而受植入材料的影响很小。他们的研究表明,牙龈细胞的行为主要受表面粗糙

[12] SCHAAF S A, CHAMBRE P L. Flow of rarefied gases [M]. Princeton, Princeton University Press, 1961.

[13] BESKOK A, KAMIADAKIS G E. Simulation of slip-flows in complex micro-geometries [J]. ASME Proceeding, 1992, 40:355−372.

[14] SONG F Q, WANG J D, LIU H L. Static Threshold Pressure Gradient Characteristics of Liquid Influenced by Boundary Wettability [J]. Chinese Physics Letters, 2010, 27(2):024704.

[15] BARKER S L R, ROSS D, TARLOV M J, et al. Control of flow direction in microfluidic devices with polyelectrolyte multilayers [J]. Analytical chemistry, 2000, 72(24):5925−5929.

[16] ZHANG F, DAGHIGHI Y, Li D. Control of flow rate and concentration in microchannel branches by induced-charge electrokinetic flow [J]. Journal of colloid and interface science, 2011, 364(2):588−593.

[17] ERINGEN A C. Simple microfluids [J]. International Journal of Engineering Science, 1964, 2(2):205−217.

[18] ERINGEN A C. Theory of thermomicrofluids [J]. Journal of Mathematical Analysis and Applications, 1972, 38(2):480−479.

[19] HARLEY J C, HUANG Y F, BAU H H, et al. Gas flow in micro-channels [J]. Journal of Fluid Mechanics, 1995, 284:257−274.

[20] PFAHLER J, HARLEY J, BAU H, et al. Liquid transport in micron and submicron channels [J]. Sensors and Actuators A:Physical, 1989, 22(1−3): 431−434.

[21] BAYRAKTAR T, PIDUGU S B. Characterization of liquid flows in microfluidic systems [J]. International Journal of Heat and Mass Transfer, 2006, 49(5−6): 815−824.

[22] QU WEILIN, Gh MOHIUDDIN Mala, DONGQING L. Pressure-driven water flows in trapezoidal silicon microchannels [J]. International Journal of Heat and Mass Transfer, 2000, 43:353−364.

[23] 林建忠, 包福兵, 张凯. 微纳流动理论及应用 [M]. 北京:科学出版社, 2010.

[24] ZHOU J, GU B, SHAO C. Boundary velocity slip of pressure driven liquid flow in a micron pipe [J]. Chinese Science Bulletin, 2011, 56(15):1603−1610.

[25] WATANABE K, YANUAR, UDAGAWA H. Drag reduction of Newtonian fluid in a circular pipe with a highly water – repellent wall [J]. Journal of Fluid Mechanics, 1999, 381: 225-238.

[26] TRETHEWAY D C, MEINHART C D. Apparent fluid slip at hydrophobic microchannel walls [J]. Physics of Fluids, 2002, 14(3): L9.

[27] JOSEPH P, COTTIN-BIZONNE C, BENOÎT J M, et al. Slippage of water past superhydrophobic carbon nanotube forests in microchannels [J]. Physical Review Letters, 2006, 97(15): 156104.

[28] GALEA T M, ATTARD P. Molecular dynamics study of the effect of atomic roughness on the slip length at the fluid–solid boundary during shear flow [J]. Langmuir : the ACS journal of surfaces and colloids, 2004, 20: 3477-3482.

[29] VORONOV R S, PAPAVASSILIOU D V, Lee L L. Review of fluid slip over superhydrophobic surfaces and its dependence on the contact angle [J]. Industrial & Engineering Chemistry Research, 2008, 47: 2455-2477.

[30] ZHU Y, GRANICK S. Rate – dependent slip of newtonian liquid at smooth surfaces [J]. Physical Review Letters, 2001, 87(9): 096105.

[31] MAJUMDER M, CHOPRA N, ANDREWS R, et al. Nanoscale hydrodynamics enhanced flow in carbon nanotubes [J]. Nature, 2005, 438(15): 44-45.

[32] CHOI C H, KIM C J. Large slip of aqueous liquid flow over a nanoengineered superhydrophobic surface [J]. Physical Review Letters, 2006, 96(6): 066001.

[33] CHOI C H, WESTIN K J A, BREUER K S. Apparent slip flows in hydrophilic and hydrophobic microchannels [J]. Physics of Fluids, 2003, 15(10): 2897-2902.

[34] ZHU L, ATTARD P, NETO C. Reconciling slip measurements in symmetric and asymmetric systems [J]. Langmuir : the ACS journal of surfaces and colloids, 2012, 28(20): 7768-7774.

[35] BONACCURSO E, BUTT H J, CRAIG V S. Surface roughness and hydrodynamic boundary slip of a newtonian fluid in a completely wetting system [J]. Physical Review Letters, 2003, 90(14): 144501.

[36] TRETHEWAY D C, MEINHART C D. A generating mechanism for apparent fluid slip in hydrophobic microchannels [J]. Physics of Fluids, 2004, 16(5):

1509-1515.

[37] TYRRELL J W G, ATTARD P. Images of nanobubbles on hydrophobic surfaces and their interactions [J]. Physical Review Letters, 2001, 87(17): 176103.

[38] KIRBY B J, HASSELBRINK E F. Zeta potential of microfluidic substrates: 2. Data for polymers [J]. Electrophoresis, 2004, 25(2): 203-213.

[39] KIRBY B J, HASSELBRINK E F. Zeta potential of microfluidic substrates: 1. Theory, experimental techniques, and effects on separations [J]. Electrophoresis, 2004, 25(2): 187-202.

[40] SADR R, YODA M, GNANAPRAKASAM P, et al. Velocity measurements inside the diffuse electric double layer in electro-osmotic flow [J]. Applied Physics Letters, 2006, 89(4): 044103.

[41] SHIN S, KANG I, CHO Y K. A new method to measure Zeta potentials of microfabricated channels by applying a time-periodic electric field in a T-channel [J]. Colloids and Surfaces A: Physicochemical and Engineering Aspects, 2007, 294(1-3): 228-235.

[42] ARULANANDAM S, LI D. Determining Zeta Potential and Surface Conductance by Monitoring the Current in Electro-osmotic Flow [J]. Journal of colloid and interface science, 2000, 225(2): 421-428.

[43] PARK H M, HONG S M. Estimation of the Zeta potential and the dielectric constant using velocity measurements in the electroosmotic flows [J]. Journal of colloid and interface science, 2006, 304(2): 505-511.

[44] PARK H M, LIM J Y. Streaming potential for microchannels of arbitrary cross-sectional shapes for thin electric double layers [J]. Journal of colloid and interface science, 2009, 336(2): 834-841.

[45] PARK H M. Zeta Potential and Slip Coefficient Measurements of Hydrophobic Polymer Surfaces Exploiting a Microchannel [J]. Industrial & Engineering Chemistry Research, 2012, 51(19): 6731-6744.

[46] CHUN M S, LEE S Y, YANG S M. Estimation of Zeta potential by electrokinetic analysis of ionic fluid flows through a divergent microchannel [J]. Journal of colloid and interface science, 2003, 266(1): 120-126.

[47] NG E Y K, POH S T. Parametric studies of microchannel conjugate liquid flows

with Zeta potential effects [J]. Journal of Electronics Manufacturing, 2000, 10 (4):237-252.

[48] SZE A, ERICKSON D, REN L, et al. Zeta-potential measurement using the Smoluchowski equation and the slope of the current-time relationship in electroosmotic flow [J]. Journal of colloid and interface science, 2003, 261(2): 402-410.

[49] LUETZENKIRCHEN J, RICHTER C. Zeta-potential measurements of OTS-covered silica samples [J]. Adsorption-Journal of the International Adsorption Society, 2013, 2(19):217-224.

[50] REN L, LI D, QU W. Electro-Viscous Effects on Liquid Flow in Microchannels [J]. Journal of colloid and interface science, 2001, 233(1):12-22.

[51] REN L Q, QU W L, LI D Q. Interfacial electrokinetic effects on liquid flow in microchannels [J]. International Journal of Heat and Mass Transfer, 2001, 44: 3125-3134.

[52] KULINSKY L, WANG Y, FERRARI M. Electroviscous effects in microchannels [C]. Electroviscous effects in microchannels proceeding of SPIE, 1999, 3606: 158-168.

[53] LEI G, KANG W J. Resistance effect of electric double layer on liquid flow in microchannel [J]. Applied Mathematics and Mechanics, 2006, 27(10):1391-1398.

[54] YANG C, LI D Q, MASLIYAH H J. Modeling forced liquid convection in rectangular microchannels with electrokinetic effects [J]. International Journal of Heat and Mass Transfer, 1998, 41:422-4249.

[55] YANG J, KWOK D Y. Microfluid flow in circular microchannel with electrokinetic effect and Navier's slip condition [J]. Langmuir: the ACS journal of surfaces and colloids, 2003, 19:1047-1053.

[56] YANG J, KWOK D Y. Effect of liquid slip in electrokinetic parallel-plate microchannel flow [J]. Journal of colloid and interface science, 2003, 260(1): 225-233.

[57] CHURAEV N V, RALSTON J, Sergeeva I P, et al. Electrokinetic properties of methylated quartz capillaries [J]. Advances in Colloid and Interface Science,

2002,96:265-278.

[58] BOUZIGUES C, TABELING P, Bocquet L. Nanofluidics in the Debye Layer at Hydrophilic and Hydrophobic Surfaces [J]. Physical Review Letters, 2008, 101 (11):114503.

[59] CHAKRABORTY S. Generalization of Interfacial Electrohydrodynamics in the Presence of Hydrophobic Interactions in Narrow Fluidic Confinements [J]. Physical Review Letters, 2008, 100(9):097801.

[60] JOLY L, YBERT C, TRIZAC E, et al. Hydrodynamics within the Electric Double Layer on Slipping Surfaces [J]. Physical Review Letters, 2004, 93 (25):257805.

[61] SOONG C Y, HWANG P W, WANG J C. Analysis of pressure-driven electrokinetic flows inhydrophobic microchannels with slip-dependent Zeta potential [J]. Microfluidics and Nanofluidics, 2010, 9(2-3):211-223.

[62] PIT R, HERVET H, LEGER L. Direct experimental evidence of slip in hexadecane: solid interfaces [J]. Physical Review Letters, 2000, 85 (5): 980-983.

[63] PAN Y, BHUSHAN B. Role of surface charge on boundary slip in fluid flow [J]. Journal of colloid and interface science, 2013, 392:117-121.

[64] JING D, BHUSHAN B. Effect of boundary slip and surface charge on the pressure-driven flow [J]. Journal of colloid and interface science, 2013, 392: 15-26.

[65] BAGOTSKY V S. Fundamentals of electrochemistry [M]. America: A John Wiley & Sons, Inc., Publication, 2005.

[66] SAMEC Z. Dynamic electrochemistry at the interface between two immiscible electrolytes [J]. Electrochimica Acta, 2012, 84:21-28.

[67] DAS S, HARDT S. electrical double layer potential distribution in multiple layer immiscible electrolyte [J]. Physical Review E, 2011, 84:022502.

[68] MISRA R P, DAS S, MITRA S K. Electric double layer force between charged surfaces: effect of solvent polarization [J]. J Chem Phys, 2013, 138 (11):114703.

[69] SAMEC Z. Electrical double layer at the interface between two immiscible

electrolyte solution [J]. Chemical Reviews,1988,88:617-632.

[70] SU B,EUGSTER N,GIRAULT H H. Simulations of the adsorption of ionic species at polarisable liquid | liquid interfaces [J]. Journal of Electroanalytical Chemistry,2005,577(2):187-196.

[71] MONROE C W, URBAKH M, KORNYSHEV A A. Double-Layer Effects in Electrowetting with Two Conductive Liquids [J]. Journal of the Electrochemical Society,2009,156(1):21.

[72] LUO G, MALKOVA S, YOON J,et al. Ion distributions near a liquid-liquid interface [J]. Science,2006,311(5758):216-218.

[73] SU J,JIAN Y-J,CHANG L,et al. Transient electro-osmotic and pressure driven flows of two-layer fluids through a slit microchannel [J]. Acta Mechanica Sinica,2013,29(4):534-542.

[74] MOVAHED S,KHANI S,WEN J Z,et al. Electroosmotic flow in a water column surrounded by an immiscible liquid [J]. Journal of colloid and interface science,2012,372(1):207-211.

[75] CHOI W,SHARMA A,QIAN S,et al. On steady two-fluid electroosmotic flow with full interfacial electrostatics [J]. Journal of colloid and interface science, 2011,357(2):521-526.

[76] RAUSCH MARCO AOQI,SHOKOOHITABRIZI HASSAN,WEHNER CHRISTIAN, et al. Impact of Implant Surface Material and Microscale Roughness on the Initial Attachment and Proliferation of Primary Human Gingival Fibroblasts[J]. Biology,2021,10(5),356-356.

[77] 高超,朱志冰,李海旺. 宽高比及表面粗糙度对矩形微尺度通道流动特性的影响[J]. 航空动力学报. 2018,33(5):1173-1177.

[78] SHEN YUCHEN,ZOU HAOYANG,WANG SOPHIE. Condensation Frosting on Micropillar Surfaces - Effect of Microscale Roughness on Ice Propagation[J]. Langmuir,2020,36(45):13563-13574.

[79] HONG HYUN SON, SUNG JOONG KIM. Role of receding capillary flow correlating nano/micro scale surface roughness and wettability with pool boiling critical heat flux[J]. International Journal of Heat and Mass Transfer,2019, 138:985-1001.

[80] SANCHEZ - REYES J, ARCHER LA. Interfacial slip violations in polymer solutions:Role of microscale surface roughness [J]. Langmuir, 2003, 19 (8): 3304-3312.

[81] 褚良银,汪伟,巨晓洁,等. 微流控法构建微尺度相界面及制备新型功能材料研究进展[J]. 化工进展,2014,33(9):2229-2234.

[82] KOU WEN JUAN,SUN QIAO YAN,XIAO LIN,et al. Coupling effect of second phase and phase interface on deformation behaviours in microscale Ti - 55531 pillars[J]. Journal of Alloys and Compounds,2020,820:153421.

[83] RYKACZEWSKI KONRAD,LANDIN TREVAN,WALKER MARLON L. ,et al. Direct imaging of complex nano to microscale interfaces involving solid,liquid, and gas phases[J]. ACS NANO,2012,6(10):9326-9334.

第2章　微尺度通道内的流动

2.1　固—液界面效应影响下的微槽道液体流动

2.1.1　引言

微流控芯片被广泛应用于生物、化学和材料等领域,如做药物传递、生物分析等。微槽道是微芯片的核心部分,而大的表面积—体积比使微槽道内固—液界面对流动的影响增大。

固—液界面处速度滑移和双电层是微槽道内两个重要的界面现象,受到了广泛的重视。最初,固—液界面处速度滑移和双电层是被分开考虑的。滑移使固—液界面处的速度大于零,流速增大;双电层使槽道内的流速减小,流动阻力增加。后来,陆续地出现了很多同时考虑边界滑移和双电层对流动影响的研究,他们都认为滑移长度和 Zeta 电势的值相互独立,互不影响(independent model,IDM)。而近年的研究发现,边界滑移和双电层存在耦合作用。Soong 等研究了 Zeta 电势依赖于边界滑移(slip-dependent Zeta potential,SDM)时微槽道内的压力驱动流。他们认为滑移的存在会影响 Zeta 电势的值。Jing 和 Bhushan 研究了边界滑移依赖于 Zeta 电势(Zeta potential -dependentslip,ZDM)时微槽道内的压力驱动流。他们认为表面电荷影响滑移长度,而表面电荷又与 Zeta 电势相关,从而建立了边界滑移与 Zeta 电势的关系。

两平行平板间完全发展段的层流如图 2-1 所示。针对边界滑移与双电层之间的关系,建立描述平行平板微槽道内流体流动的 3 个模型。

2.1.2　互为独立的边界滑移与双电层模型(IDM)

2.1.2.1　电势和离子浓度分布

微通道内,任一点电势 ψ 和净电荷密度 ρ_e 的关系符合 Poisson 分布:

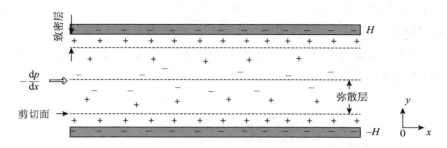

图 2-1　平行平板微槽道中的双电层

$$\frac{\mathrm{d}^2\psi}{\mathrm{d}y^2} = -\frac{\rho_e}{\varepsilon_0\varepsilon} \qquad (2-1)$$

净电荷密度 ρ_e 与离子浓度 n 的关系式为：

$$\rho_e = Zen = Ze(n^+ - n^-) \qquad (2-2)$$

其中，Z 表示离子化合价；e 表示基本电荷；n 表示净离子浓度；n^+ 和 n^- 分别表示正负离子浓度。离子浓度和电势满足热力学平衡条件：

$$\frac{1}{n^\pm}\frac{\mathrm{d}n^\pm}{\mathrm{d}y} = \mp\frac{Ze}{k_B T}\frac{\mathrm{d}\psi}{\mathrm{d}y} \qquad (2-3)$$

其中，k_B 为 Boltzmann 常数（1.38×10^{-23} J/K）；T 为绝对温度。对于双电层互不重合的通道，离子浓度和电势的边界条件为：

$$\psi = \zeta, y = \pm H \qquad (2-4)$$

$$\frac{\mathrm{d}\psi}{\mathrm{d}y} = 0, \psi = 0, n^+, n^- = n_0, y = 0 \qquad (2-5)$$

其中，n_0 表示原始体离子浓度。槽道内的离子浓度为 $n^\pm = n_0 e^{\mp Ze\psi/k_B T}$，与式（2-1）和式（2-2）联立，可得 Poisson-Boltzmann（P-B）方程：

$$\frac{\mathrm{d}^2\psi}{\mathrm{d}y^2} = \frac{2n_0 Ze}{\varepsilon_0\varepsilon}\sinh\left(\frac{Ze\psi}{k_B T}\right) \qquad (2-6)$$

当电势与离子热能相比很小时，$|Ze\psi_i|$ 远小于 $|k_B T|$，$\sinh(\bar{\psi}_1) \cong \bar{\psi}_1$，称为 Debye-Huckle 线性近似。利用 $\bar{n}^\pm = n^\pm/n_0$，$\bar{\psi} = \bar{\zeta} = Ze\zeta/k_B T$，$\bar{y} = y/H$ 将式（2-6）无量纲化后，得：

$$\frac{\mathrm{d}^2\bar{\psi}}{\mathrm{d}\bar{y}^2} = \kappa^2\bar{\psi} \qquad (2-7)$$

式中，$\kappa^2 = 2n_0 Z^2 e^2 H^2 / (k_B T \varepsilon_0 \varepsilon)$，$\kappa = H \cdot k = H(2n_0 Z^2 e^2 / k_B T \varepsilon_0 \varepsilon)^{1/2}$，符号 k 表示 Debye-Huckel 参数，$1/k$ 表示双电层的特征厚度。κ 为电动分离距离，是槽道半高与双电层特征厚度的比值。利用边界条件式（2-4）~式（2-5）解方程（2-7），得无量纲化后的电势分布：

$$\bar{\psi} = \frac{\bar{\zeta}}{\sinh\kappa} \mid \sinh(\kappa y) \mid \qquad (2-8)$$

2.1.2.2 流场

一维黏性不可压缩定常流可用修正的 Navier-Stokes（N-S）方程描述：

$$\mu \frac{d^2 U}{dy^2} - \frac{dP}{dx} + E_x(y) \rho_e(y) = 0 \qquad (2-9)$$

其中，μ 为流体的黏性系数；dP/dx 为压力梯度；$E_x(y)$ 为流动引起的电场强度；$\rho_e(y)$ 为单位体积净电荷密度；$E_x(y)\rho_e(y)$ 为双电层的阻力修正项；U 为流体速度。

利用 $\bar{U} = U/U_0$，$\bar{y} = y/H$，$E_x = \psi_s/l$，$\bar{\psi}_s = \psi_s/\zeta$，将修正的 N-S 方程无量纲化，其中，$\rho_e = -(2n_0 Ze/\kappa^2)(d^2\bar{\psi}/d\bar{y}^2)$，$U_0$ 为无双电层修正时通道中心速度，$U_0 = -(H^2/2\mu)(dP/dx)$，结果为：

$$\frac{d^2\bar{U}}{d\bar{y}^2} + G_1 - \frac{2G_2\bar{\psi}_s}{\kappa^2} \frac{d^2\bar{\psi}}{d\bar{y}^2} = 0 \qquad (2-10)$$

其中，$G_1 = -\frac{H^2}{\mu U_0} \frac{dP}{dx}$，$G_2 = \frac{\zeta n_0 Ze H^2}{l\mu U_0}$。对式（2-10）分别积分一次和两次，可得：

$$\frac{d\bar{U}}{d\bar{y}} + G_1 y - \frac{2G_2\bar{\psi}_s}{\kappa^2} \frac{d\bar{\psi}}{d\bar{y}} = C_1 \qquad (2-11)$$

$$\bar{U} + \frac{G_1\bar{y}^2}{2} - \frac{2G_2\bar{\psi}_s}{\kappa^2}\bar{\psi} = C_1\bar{y} + C_2 \qquad (2-12)$$

考虑到壁面滑移，壁面处速度满足 Navier 边界滑移条件：

$$\bar{U}(1) = -\beta_1 \frac{d\bar{U}(1)}{d\bar{y}}, \bar{U}(-1) = \beta_2 \frac{d\bar{U}(-1)}{d\bar{y}} \qquad (2-13)$$

其中，β_1 和 β_2 分别表示上、下壁面处无量纲化的滑移长度。

电势在壁面处满足：

$$\bar{\psi}(\pm 1) = \bar{\zeta} \qquad (2-14)$$

利用式(2-13)、式(2-14)解式(2-8)和式(2-12),可得 C_1 和 C_2:

$$
\begin{cases}
C_1 = \dfrac{\beta_2 - \beta_1}{2 + \beta_1 + \beta_2}\left(\dfrac{2G_2\bar{\psi}_s}{\kappa^2} \dfrac{\kappa\bar{\zeta}\cosh(\kappa)}{\sinh\kappa} - G_1 \right) \\[3mm]
C_2 = G_1\left(\dfrac{1}{2} + \beta_2 - \dfrac{\beta_2 - \beta_1}{2 + \beta_1 + \beta_2}(1 + \beta_2) \right) - \\[3mm]
\qquad \dfrac{2G_2\bar{\psi}_s\bar{\zeta}}{\kappa^2}\left(\dfrac{\kappa\cosh(\kappa)}{\sinh\kappa} \dfrac{\beta_1 + \beta_2 + 2\beta_1\beta_2}{2 + \beta_1 + \beta_2} + 1 \right)
\end{cases}
\tag{2-15}
$$

式(2-12)和式(2-15)构成了综合考虑固—液界面边界滑移和双电层的流速分布,当 $\beta_1 = \beta_2 = 0$ 时,$C_1 = 0$,$C_2 = G_1/2 - 2G_2\bar{\psi}_s\zeta/\kappa^2$,式(2-12)可还原为仅考虑双电层时的单层流速度分布。式(2-12)中,流动势 $\bar{\psi}_s$ 未知,本章采用电流平衡模型求得 $\bar{\psi}_s$。当无外加电场,流体在压力驱动下流动时,可移动双电层部分的离子沿着流动方向发生移动,从而形成电流,称为流动电流 I_s。下游离子的堆积形成电势,称为流动势 $\bar{\psi}_s$,流动势导致反方向的电流,称为诱导电流 I_c。当诱导电流与流动电流平衡时,流动达到稳定状态。电流平衡模型为:

$$
I_s + I_c = 0
\tag{2-16}
$$

带电离子在压力驱动下产生的流动电流:

$$
I_s = \int_{-1}^{1} AU\rho_e \mathrm{d}A
\tag{2-17}
$$

式中,A 表示微通道的截面积。将无量纲后的速度和静电荷密度带入,无量纲的流动电流为:

$$
\bar{I}_s = \frac{I_s}{2n_0 U_0 ZeH} = \int_{-1}^{1} \bar{U}\bar{\rho}_e \mathrm{d}\bar{y}
\tag{2-18}
$$

将 $\bar{\rho}_e = -\dfrac{2}{\kappa^2}\dfrac{\mathrm{d}^2\bar{\psi}}{\mathrm{d}\bar{y}^2}$ 带入式(2-18),可得:

$$
\bar{I}_s = -\frac{2}{\kappa^2}\int_{-1}^{1} \bar{U}\mathrm{d}\left(\frac{\mathrm{d}\bar{\psi}}{\mathrm{d}\bar{y}}\right) = -\frac{2}{\kappa^2}\left(\bar{U}\frac{\mathrm{d}\bar{\psi}}{\mathrm{d}\bar{y}}\bigg|_{-1}^{1} - \int_{-1}^{1}\frac{\mathrm{d}\bar{\psi}}{\mathrm{d}\bar{y}}\mathrm{d}\bar{U} \right)
\tag{2-19}
$$

式(2-19)中:

$$
\bar{U}\frac{\mathrm{d}\bar{\psi}}{\mathrm{d}\bar{y}}\bigg|_{-1}^{1} = \frac{\kappa\cosh(\kappa)}{\sinh\kappa}\left(C_1\bar{\zeta}(\beta_2 - \beta_1) + G_1\bar{\zeta}(\beta_2 + \beta_1) - \right.
$$

$$\left. \frac{2G_2\bar{\zeta}^2\bar{\psi}_s}{\kappa}\frac{\cosh(\kappa)}{\sinh\kappa}(\beta_2+\beta_1) \right) \qquad (2-20)$$

$$\int_{-1}^{1}\frac{d\bar{\psi}}{d\bar{y}}d\bar{U} = \int_{-1}^{1}\frac{d\bar{\psi}}{d\bar{y}}\left(C_1 + \frac{2G_2\bar{\psi}_s}{\kappa^2}\frac{d\bar{\psi}}{d\bar{y}} - G_1 y\right)d\bar{y}$$

$$= C_1\int_{-1}^{1}\frac{d\bar{\psi}}{d\bar{y}}d\bar{y} + \frac{2G_2\bar{\psi}_s}{\kappa^2}\int_{-1}^{1}\frac{d\bar{\psi}}{d\bar{y}}\frac{d\bar{\psi}}{d\bar{y}}d\bar{y} - G_1\int_{-1}^{1}y\frac{d\bar{\psi}}{d\bar{y}}d\bar{y}$$

$$= \frac{4G_2\bar{\zeta}^2 d_2\bar{\psi}_s}{\kappa^2}\left(\frac{\kappa}{\sinh\kappa}\right)^2 - 2G_1\bar{\zeta}d_1$$

$$(2-21)$$

其中，$d_1 = 1 + \dfrac{1 - \cosh(\kappa)}{\kappa\sinh\kappa}$，$d_2 = \dfrac{\sinh(\kappa)\cosh(\kappa)}{2\kappa} + \dfrac{1}{2}$。至此，可得流动电流：

$$\bar{I}_s = \frac{8G_2\bar{\psi}_s}{\kappa^4}\left(\frac{\kappa\zeta}{\sinh\kappa}\right)^2\left(d_2 + (\cosh(\kappa))^2\frac{\beta_1 + \beta_2 + 2\beta_1\beta_2}{2 + \beta_1 + \beta_2}\right)$$
$$- \frac{4G_1\zeta}{\kappa^2}\left(d_1 + \frac{\beta_1 + \beta_2 + 2\beta_1\beta_2}{2 + \beta_1 + \beta_2}\frac{\kappa\cosh(\kappa)}{\sinh\kappa}\right) \qquad (2-22)$$

而由流动势产生的感应电流可表示为：

$$I_c = \frac{\lambda_b\psi_s A}{l} + \frac{\lambda_s\psi_s P_s}{l} \qquad (2-23)$$

式中，λ_b 和 λ_s 分别为体电导率和面电导率；P_s 为壁面浸润系数。由上式可得：

$$I_c = \frac{\lambda_0\psi_s A}{l} \qquad (2-24)$$

式中，$\lambda_0 = \lambda_b + \dfrac{\lambda_s P_s}{A}$；$\lambda_0$ 为流体总电导率，将感应电流无量纲化后，得：

$$\bar{I}_c = \frac{I_c}{\zeta\lambda_0 H} = \frac{\bar{\psi}_s\bar{A}}{\bar{l}} \qquad (2-25)$$

将电流平衡式无量纲化后得：

$$\zeta\lambda_0 H\bar{I}_c + 2U_0 n_0 ZeH\bar{I}_s = 0 \qquad (2-26)$$

$$\bar{\psi}_s = \cfrac{2G_1G_3\bar{\zeta}\left(d_1 + \cfrac{\beta_1 + \beta_2 + 2\beta_1\beta_2}{2 + \beta_1 + \beta_2}\cfrac{\kappa\cosh(\kappa)}{\sinh\kappa}\right)}{\kappa^2 + 4G_2G_3\left(\cfrac{\bar{\zeta}}{\sinh\kappa}\right)^2\left(d_2 + (\cosh(\kappa))^2\cfrac{\beta_1 + \beta_2 + 2\beta_1\beta_2}{2 + \beta_1 + \beta_2}\right)} \quad (2-27)$$

式中，$G_3 = \dfrac{U_0 n_0 Ze\bar{l}}{\zeta\lambda_0}$，当不考虑边界滑移（即 $\beta_1 = \beta_2 = 0$）时，式（2-27）可还原为

Mala 和 Li 给出的仅考虑双电层的表达式：$\bar{\psi}_s = \dfrac{2G_1G_3\bar{\zeta}}{\dfrac{4G_2G_3\bar{\zeta}^2}{\sinh^2\kappa}\left(\dfrac{\sinh^2\kappa}{4\kappa} - \dfrac{1}{2}\right) + \kappa^2}$

$\left(1 - \dfrac{\cosh\kappa - 1}{\kappa\sinh\kappa}\right)$。至此，通道内流体的流速分布可求得。

将式（2-12）在槽道内积分，流体无量纲的体积流量为：

$$\begin{aligned}\bar{Q} &= \int_{-1}^{1}\left(C_1\bar{y} - \frac{G_1\bar{y}^2}{2} + C_2 + \frac{2G_2\bar{\psi}_s}{\kappa^2}\bar{\psi}\right)\mathrm{d}y \\ &= -\frac{G_1}{3} + 2C_2 + \frac{4G_2\bar{\psi}_s}{\kappa^3}\frac{\sinh\kappa}{}(\cosh\kappa - 1)\end{aligned} \quad (2-28)$$

2.1.3　边界滑移影响 Zeta 电势模型（SDM）

2.1.3.1　滑移影响下的 Zeta 电势

依据 Soong 等，滑移影响 Zeta 电势值的关系式为：$\bar{\zeta}_a = \bar{\zeta} + \bar{\beta}\kappa\sinh\bar{\zeta}$。仍然假设电势与离子热能相比很小，$|Ze\psi| < |k_\mathrm{B}T|$，采用 Debye-Huckle 线性近似，$\sinh\bar{\zeta} \approx \bar{\zeta}$。则，修正的 Zeta 电势为：

$$\bar{\zeta}_a = \bar{\zeta}(1 + \bar{\beta}\kappa) \quad (2-29)$$

2.1.3.2　电势和离子浓度分布

将式（2-8）中 $\bar{\zeta}$ 替换为 $\bar{\zeta}_a$，得槽道内的电势分布：

$$\bar{\psi} = \frac{\bar{\zeta}_a}{\sinh\kappa}|\sinh(\kappa y)| \quad (2-30)$$

将所得电势分布带入式 $n^{\pm} = n_0 e^{\mp Ze\psi/k_\mathrm{B}T}$ 中，可得槽道内的离子浓度分布。

2.1.3.3 流场

将式(2-15)和式(2-27)中的 $\bar{\zeta}$ 替换为 $\bar{\zeta}_a$ 并带入式(2-12)中得流场分布。将式(2-28)中的 $\bar{\zeta}$ 替换为 $\bar{\zeta}_a$ 可得体积流量。

2.1.4 Zeta 电势影响边界滑移模型(ZDM)

2.1.4.1 电势和离子浓度分布

式(2-8)和式 $n^{\pm} = n_0 e^{\mp Ze\psi/k_B T}$ 为本模型下槽道内的电势和离子浓度分布。

2.1.4.2 表面电荷对滑移长度的影响

为研究边界滑移和表面电荷对压力驱动流的作用,本节引入表面电荷影响滑移长度的模型,滑移长度和表面电荷密度的关系为:

$$\beta = \frac{\beta_0}{1 + \dfrac{1}{\alpha}\left(\dfrac{\sigma d^2}{e}\right)^2 \dfrac{l_B}{d^2}\beta_0} \tag{2-31}$$

式中,β_0 是不考虑表面电荷时的滑移长度;l_B 表示贝耶伦长度(Bjerrum length),$l_B = e^2/4\pi\varepsilon k_B T$,$d$ 为 Lenard-Jones 势的平衡距离,$\alpha \sim 1$ 为数前因子,σ 为表面电荷密度。为了将表面电荷密度与 Zeta 电势联系起来,假设表面电荷密度与流体及固—液界面性质有关,它们之间的关系可用下式表示:

$$\sigma = -\frac{4\kappa\varepsilon\zeta}{H\bar{\zeta}}\frac{\tanh(\bar{\zeta}/4)}{\tanh^2(\bar{\zeta}/4) - 1} \tag{2-32}$$

定义 β_{10} 和 β_{20} 分别为不考虑表面电荷影响时上下壁面处的滑移长度。考虑表面电荷的影响时,将式(2-31)和式(2-32)联立,得上下壁面处的滑移长度:

$$\bar{\beta}_1 = \frac{\bar{\beta}_{10}}{1 + \dfrac{1}{\alpha}\left(\dfrac{\sigma d^2}{e}\right)^2 \dfrac{l_B}{d^2}H\bar{\beta}_{10}} = \frac{\bar{\beta}_{10}}{1 + \dfrac{1}{\alpha}\dfrac{d^2(\sigma)^2}{4\pi\varepsilon k_B T}H\bar{\beta}_{10}}$$

$$= \frac{\bar{\beta}_{10}}{1 + C_{ZS1}\left(\dfrac{\kappa\zeta}{\bar{\zeta}}\dfrac{\tanh(\bar{\zeta}/4)}{\tanh^2(\bar{\zeta}/4) - 1}\right)^2 H\bar{\beta}_{10}} \tag{2-33}$$

$$\bar{\beta}_2 = \frac{\bar{\beta}_{20}}{1 + \dfrac{1}{\alpha}\left(\dfrac{\sigma d^2}{e}\right)^2 \dfrac{l_B}{d^2}H\bar{\beta}_{20}} = \frac{\bar{\beta}_{20}}{1 + \dfrac{1}{\alpha}\dfrac{d^2(\sigma)^2}{4\pi\varepsilon k_B T}H\bar{\beta}_{20}}$$

$$= \frac{\bar{\beta}_{20}}{1 + C_{ZS1}\left(\dfrac{\kappa \zeta}{\bar{\zeta}} \dfrac{\tanh(\bar{\zeta}/4)}{\tanh^2(\bar{\zeta}/4) - 1}\right)^2 H\bar{\beta}_{20}} \qquad (2-34)$$

其中，$C_{ZS1} = \dfrac{1}{\alpha} \dfrac{4d^2 \varepsilon}{\pi k_B T H^2}$。

2.1.4.3　流场

将用式(2-33)和式(2-34)修正过后的滑移长度 β_1 和 β_2 带入式(2-12)中得流场。将式(2-33)和式(2-34)修正过后的滑移长度 β_1 和 β_2 带入式(2-28)中可得体积流量。

2.1.5　模型验证

在与 Tardu 相同的条件下，用 IDM 模型计算流场并与其结果进行比较。Tardu 中，$n_0 = 3.764 \times 10^{19} m^{-3}$，$\lambda_0 = 7.89 \times 10^{-9} S/m$，$2H = 100 \mu m$，$\lambda_b = 1.26 \times 10^{-7}$，$\zeta = 2.1254$。比较结果如图 2-2 所示，计算结果与 Tardu 的计算结果吻合。

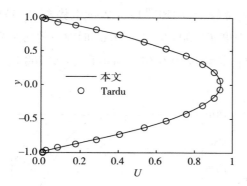

图 2-2　模型预测流场与 Tardu 计算值的比较
($\zeta_1 = \zeta_2 = 2.1254$，$\beta_1 = \beta_2 = 0$，$\kappa = 41$)

2.1.6　结果与讨论

2.1.6.1　滑移长度对 Zeta 电势的影响

依据式(2-29)，图 2-3 给出了不同电动分离距离 κ 下修正的 Zeta 电势随边界滑移长度的变化趋势。修正的 Zeta 电势随着边界滑移的增加而增加。增加速度与电动分离距离有关，电动分离距离越小，增加速度越慢。对于一定的壁面材料和溶液,槽道高度越小,改变滑移长度对修正 Zeta 电势的影响越小。

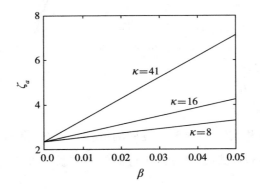

图 2-3　不同电动分离距离 κ 下滑移长度
对修正 Zeta 电势的影响($\zeta = 2.1254$)

2.1.6.2　Zeta 电势对滑移长度的影响

根据式(2-33)和式(2-34),图 2-4 给出了滑移长度随 Zeta 电势的变化趋势。图中采用 Jing 和 Bhushan 的参数进行计算,平衡距离 $d = 0.4$ nm,黏性系数 $\mu = 1.01$ mPa·s,介电常数 $\varepsilon = 7 \times 10^{-10}$ F/m,Zeta 电势 $\zeta = 0 \sim 300$ mV,对应的无量纲 Zeta 电势为 $0 \sim 11.7$,温度 $T = 300$ K。$\kappa = 97.68$ 时对应的初始浓度为 0.1 mmol/L;$\kappa = 30.888$ 时对应的初始浓度为 0.01 mmol/L;$\kappa = 9.768$ 时对应的初始浓度为 0.001 mmol/L。

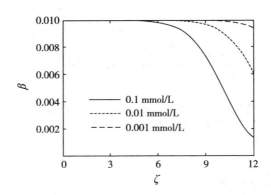

图 2-4　电解质浓度不同时 Zeta 电势对边界滑移的影响

从图 2-4 中可以看出,Zeta 电势使滑移长度减小。初始浓度越高,电动分离距离越大,滑移随 Zeta 电势减小得越快。初始浓度越低,电动分离距离越小,滑移随 Zeta 电势减小得越缓慢。

2.1.6.3　电势分布

接下来,本章采用 Mala 和 Li 的实验参数对微槽道内的流动特性进行研究。在 Mala 和 Li 的实验中,微槽道内两平行平板间距 100 μm,静水压力差为 405.3 kPa,流动工质为 10^{-6}mol/L 的 KCl 水溶液,其物理参数为 $\varepsilon = 80$,$\lambda_T = 1.2639 \times 10^{-7}$ S·m^{-1},$n_0 = 6.022 \times 10^{20}$ m^{-3},$\mu = 0.9 \times 10^{-3}$ kg/m·s,与 0211-玻璃壁面接触的 Zeta 电势为 55 mV。对应的无量纲参数:Zeta 电势 $\zeta = 2.1254$,$\kappa = 41$,$G_1 = 2$,$G_2 = 7.95 \times 10^{-5}$,$G_3 = 1.6 \times 10^8$。

图 2-5 给出了 IDM、SDM、ZDM 三个模型下微通道内的电势分布图。设上下固—液界面的 Zeta 电势和滑移长度相同,电势分布关于槽道中心 $y = 0$ 对称。在固—液界面附近,电势迅速降低至零。近下固—液界面处局部放大的电势分布由图 2-6 给出,IDM 和 ZDM 模型的值重合,均比 SDM 的小。这是因为滑移使 SDM 模型下的 Zeta 电势变大。ZDM 模型下,受 Zeta 电势影响,边界滑移会有所降低。由于边界滑移与电势无关,ZDM 和 IDM 模型的电势分布重合。

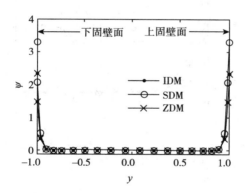

图 2-5　微通道内电势分布
($\zeta = 2.1254$,$\beta_1 = \beta_2 = 0.01$,$\kappa = 41$)

图 2-7 给出了 IDM 模型下微通道内固—液界面附近的电势分布,电动分离距离 $\kappa = 41$。图 2-7(a)中,边界滑移长度不变,Zeta 电势 ζ 改变,固—液界面处电势随着 Zeta 电势的增加而增加,在固—液界面附近 $y = -0.9$ 处降低至零。图 2-7(b)中,边界滑移改变,Zeta 电势 ζ 不变,滑移不同时电势分布相同。这是因为,传统的 IDM 模型中 Zeta 电势和边界滑移互不影响,而槽道内电势分布依赖于 Zeta 电势,与滑移长度无关。因此,Zeta 电势的变化可引起固—液界面处电势

分布的变化,而滑移长度的变化不会引起电势分布的改变。

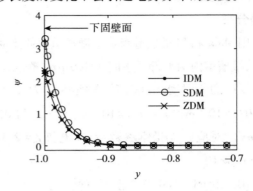

图 2-6　微通道内靠近下侧固—液界面的电势分布
$(\zeta=2.1254, \beta_1=\beta_2=0.01, \kappa=41)$

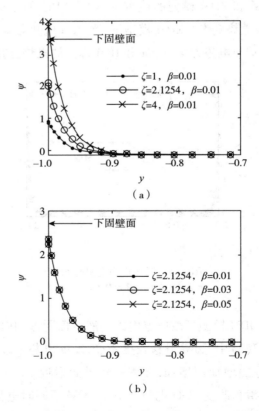

（a）

（b）

图 2-7　IDM 模型下微通道内靠近固—液界面处的电势分布（$\kappa=41$）
(a)改变 Zeta 电势 ζ,滑移长度 β 不变;(b)改变滑移长度 β,Zeta 电势 ζ 不变

　　图 2-8 给出了 SDM 模型下微通道内固—液界面附近的电势分布,电动分离距离 $\kappa = 41$。图 2-8(a) 中,边界滑移长度不变,Zeta 电势 ζ 改变。固—液界面处电势随着 Zeta 电势的增加而增加。图 2-8(b) 中,Zeta 电势 ζ 不变,边界滑移长度改变,固—液界面处电势随着滑移长度的增加而增加。这是因为,在 SDM 模型中,Zeta 电势的大小依赖于边界滑移长度,而槽道内电势分布依赖于 Zeta 电势,改变滑移长度或者直接改变 Zeta 电势均可引起固—液界面处电势分布的变化。

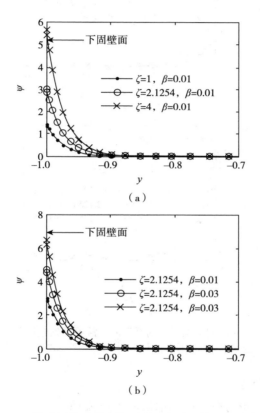

图 2-8　SDM 模型下微通道内靠近固—液界面处电势分布($\kappa = 41$)
(a) 改变 Zeta 电势 ζ,滑移长度 β 不变;(b) 改变滑移长度 β,Zeta 电势 ζ 不变

　　图 2-9 给出了 ZDM 模型下微通道内固—液界面附近的电势分布,电动分离距离 $\kappa = 41$。图 2-9(a) 中,边界滑移长度不变,Zeta 电势 ζ 改变。固—液界面处电势随着 Zeta 电势的增加而增加。图 2-9(b) 中,Zeta 电势 ζ 不变,边界滑移长度改变,固—液界面处电势分布相同。这是因为,在 ZDM 模型中,边界滑移长度

依赖于 Zeta 电势的大小,而 Zeta 电势不依赖于边界滑移长度,槽道内电势分布与 Zeta 电势有关,但与滑移长度无关,所以滑移长度的改变不会引起固—液界面处电势分布的变化。

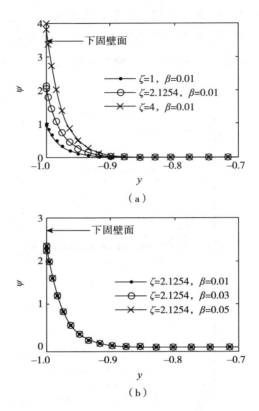

图 2-9　ZDM 模型下微通道内靠近固—液界面处电势分布($\kappa = 41$)
(a)改变 Zeta 电势 ζ,滑移长度 β 不变;(b)改变滑移长度 β,Zeta 电势 ζ 不变

2.1.6.4　流动势

在压力驱动下,带有电荷的弥散层向下游流动,下游电荷的堆积产生了与流动电流方向相反的电势,称为流动势。在流动势的诱导下,产生了与流动电流方向相反的电流—诱导电流,从而影响流道内流体流动。流动势对流体的流动特征有重要影响。当固—液界面处不存在双电层时,槽道内无流动势,即当 $\bar{\zeta} = 0$ 时,$\bar{\psi}_s = 0$。

图 2-10 给出了 IDM 模型下边界滑移不同时流动势随 Zeta 电势 $\bar{\zeta}$ 的变化曲

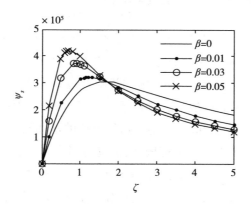

图 2-10　IDM 模型下边界滑移和 Zeta 电势
对流动势的影响（$\kappa=41$）

线。由图 2-10 可知,边界滑移一定时,流动势随着 Zeta 电势 $\bar{\zeta}$ 的增加而先增加后减小。存在一临界 Zeta 电势 $\bar{\zeta}_c$,当 $\bar{\zeta} > \bar{\zeta}_c$ 时,流动势随着 Zeta 电势的增大而减小。这是因为,当 $\bar{\zeta} > \bar{\zeta}_c$ 时,Zeta 电势增大,电导迅速增大,在下游堆积的离子变少,从而流动势减小;当 $\bar{\zeta} < \bar{\zeta}_c$ 时,流动势随着 Zeta 电势的增大而增大,此时电导不随 Zeta 电势的变化而变化,随着 Zeta 电势的增加,下游堆积的离子变多,流动势变大。当边界滑移改变时,临界 Zeta 电势 $\bar{\zeta}_c$ 改变,临界 Zeta 电势 $\bar{\zeta}_c$ 随着边界滑移的增加而减小。每一个临界 Zeta 电势 $\bar{\zeta}_c$ 对应一个流动势峰值,流动势峰值随着滑移的增加而增加。在固—液界面附近,存在着槽道内最大的电荷密度,当固—液界面处速度为零时,式（2-17）中 $U\rho_e$ 在固—液界面处为零。当 Zeta 电势 $\bar{\zeta}$ 较小时,如 $\bar{\zeta} < 1.8$,边界滑移对流动势的影响显著,滑移越大,流动势越大。此时,壁面附近双电层效应弱,无回流,上壁面处速度梯度 $d\bar{U}(1)/d\bar{y}$ 为负而下壁面处速度梯度 $d\bar{U}(-1)/d\bar{y}$ 为正,上下壁面的速度 $U_1(1) = -\beta_1 d u_1(1)/d y$ 和 $U_2(-1) = \beta_2 d u_2(-1)/d y$ 均为正,滑移使壁面附近电荷正向移动、槽道内电流密度增加、流动势增大。当 Zeta 电势 $\bar{\zeta}$ 较大时,如 $\bar{\zeta} > 1.8$,流动势随着滑移的增大而减小。此时,壁面附近双电层效应强,有回流,上壁面处速度梯度 $d\bar{U}(1)/d\bar{y}$ 为正而下壁面处速度梯度 $d\bar{U}(-1)/d\bar{y}$ 为负,上下壁面的速度均为负,滑移使壁面附近的电荷反向运动,槽道内电流密度减小,流动势减小。

为研究 IDM、SDM 和 ZDM 三模型下边界滑移和 Zeta 电势对流动势的影响,图 2-11(a)给出了 Zeta 电势较小($\zeta = 0.2$)时,IDM、SDM 和 ZDM 三模型的不同情况。当 Zeta 电势较小($\zeta = 0.2$)时,流动势随着边界滑移的增加而增大,IDM 和 ZDM 基本重合,SDM 增加得最快。滑移越大,SDM 的值与 IDM 和 ZDM 的值相距越远。此时,SDM 模型下 Zeta 电势随着边界滑移的增加而增加,槽道内电荷密度增加,电导没变,在下游堆积的电荷增加,流动势增大。滑移越大,流动势的增加值越大。ZDM 模型下边界滑移随着 Zeta 电势的增加而减小,但由图 2-11(a)可知 Zeta 电势 $\zeta = 0.2$ 时对滑移长度无影响,ZDM 和 IDM 的值相同。图 2-11(b)给出了 Zeta 电势较大($\zeta = 4$)时,IDM、SDM 和 ZDM 三模型的不同情况。当 Zeta 电势较大($\zeta = 4$)时,流动势随着边界滑移的增加而减小,IDM 和 ZDM 基本重合,

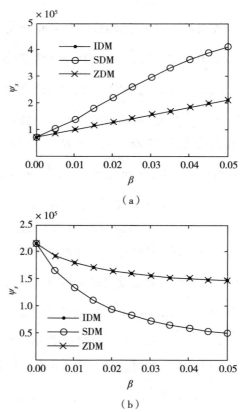

图 2-11　不同模型下边界滑移和 Zeta 电势对流动势的影响($\kappa = 41$)
(a) $\zeta = 0.2$;(b) $\zeta = 4$

SDM 的值最小且减小得最快。滑移长度越大,SDM 的值与 IDM 和 ZDM 的相距越远。此时,SDM 模型下 Zeta 电势随着边界滑移的增加而增加,双电层效应强,边界滑移使壁面附近的电荷反方向移动,流动势减小。滑移越大,流动势的减小值越大。ZDM 模型下边界滑移随着 Zeta 电势的增加而减小,但由图 2-4 可知,Zeta 电势 $\zeta = 4$ 时对滑移长度无影响,ZDM 和 IDM 的值相同。

　　图 2-12 给出了 Zeta 电势较大时($\zeta = 10$),IDM、SDM 和 ZDM 三模型下的流动势。流动势随着边界滑移的增加而减小。边界滑移相同时,流动势从大到小的顺序依次为 ZDM、IDM 和 SDM。这是因为,SDM 下边界滑移将 Zeta 电势放大,而当 Zeta 电势较大时,增加 Zeta 电势使电导增加,下游堆积的离子减少,从而流动势减小。由图 2-12 可知,当 Zeta 电势较大($\zeta = 10$)时,ZDM 下边界滑移随 Zeta 电势的增加而减小。当双电层效应较强[Zeta 电势较大($\zeta = 10$)]时,壁面附近回流速度较大,边界滑移使壁面附近电荷反向运动,小滑移时的流动势较大滑移时的大,因此,ZDM 下的流动势较 IDM 下的大。

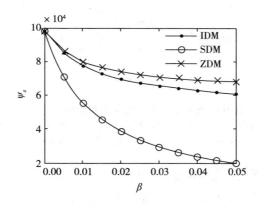

图 2-12　大 Zeta 电势时不同模型下的流动势($\kappa = 41, \zeta = 10$)

2.1.6.5　流场

　　IDM 模型下单独考虑边界滑移和双电层时的流速分布如图 2-13 所示。图 2-13(a)给出了边界滑移对流场的影响。边界滑移使固—液界面处有一个大于零的初始速度。这个初始速度使流场向前发生滑移,滑移长度越长,固—液界面处的初始速度越大,流场向前滑移的程度越显著。图 2-13(b)给出双电层对流场的影响。在固—液界面附近,存在一个速度回流,Zeta 电势越大,回流现象越显著。这与文献的报道一致。双电层的存在使整个流场向后移动,对槽道内

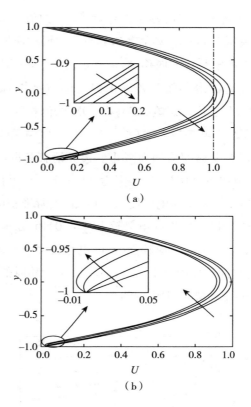

图 2-13　IDM 模型下滑移和双电层单独影响下的流场（$\kappa = 41$）
（a）$\zeta = 0$，沿箭头的方向依次为 $\beta_1 = \beta_2 = 0$，$\beta_1 = \beta_2 = 0.01$，$\beta_1 = \beta_2 = 0.03$，$\beta_1 = \beta_2 = 0.05$；
（b）$\beta_1 = \beta_2 = 0$，沿箭头的方向依次为 $\zeta = 0.2$，$\zeta = 1$，$\zeta = 2.1254$，$\zeta = 4$

流体的流动起阻滞作用，也称电黏滞效应。

图 2-14 给出了在 Zeta 电势为一定值时不同电动分离距离 κ 对流速分布的

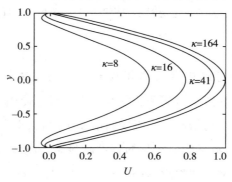

图 2-14　IDM 模型下电动分离距离 κ 对流场的影响（$\zeta = 2.1254$）

影响。电动分离距离 κ 表征槽道半高与双电层特征厚度之比。当溶液和壁面材料一定时,κ 随着槽道高度的变化而变化。槽道高度越大,电动分离距离 κ 越大。从图 2-14 中可以看出,κ 越小,电黏滞效应越显著。这是因为 κ 越小,双电层特征厚度与微槽道半高的比值越大,双电层作用越显著,壁面附近回流越大,流速越小,电黏滞效应越强;相反,κ 越大,双电层特征厚度与微槽道半高的比值越小,双电层作用越弱,壁面附近回流越小,流速越大,电黏滞效应越弱。

图 2-15 和图 2-16 给出了综合考虑 Zeta 电势和边界滑移的流场。由图 2-15 可以看出,在 Zeta 电势较小时,如 $\zeta=0.2$,边界滑移使流场显著地向前滑移,壁面附近无回流,边界滑移对流场起主导作用。此时,双电层作用弱,壁面附近无回流,上下壁面处速度梯度分别为负和正。滑移使壁面处速度为正,推动流体向前发展。由图 2-16 可以看出,在 Zeta 电势较大时,如 $\zeta=4$,边界滑移使壁面处速度向后滑移而推动槽道中央流体向前发展。此时,双电层效应强,壁面附近出现回流,上壁面处速度梯度 $\mathrm{d}\overline{U}(1)/\mathrm{d}\overline{y}$ 为正而下壁面处速度梯度 $\mathrm{d}\overline{U}(-1)/\mathrm{d}\overline{y}$ 为负,上下壁面的滑移速度 $U_1(1)=-\beta_1\mathrm{d}U_1(1)/\mathrm{d}y$ 和 $U_2(-1)=\beta_2\mathrm{d}U_2(-1)/\mathrm{d}y$ 均为正。边界滑移使壁面附近电荷反向流动,通道内的电流密度减小,流动势减小,诱导电流小,电黏滞阻力减小,远离壁面处流体向前发展。边界滑移使壁面附近速度增加或者减小由双电层效应的强弱决定。

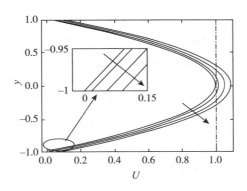

图 2-15 IDM 模型不同 Zeta 电势下边界滑移对流场的影响($\zeta=0.2,\kappa=41$)
注:沿箭头的方向依次为 $\beta_1=\beta_2=0,\beta_1=\beta_2=0.01,\beta_1=\beta_2=0.03,\beta_1=\beta_2=0.05$。

图 2-17 给出了 IDM、SDM 和 ZDM 三模型下综合考虑边界滑移和双电层时的流场。图 2-17(a)中,Zeta 电势较小($\zeta=0.2$),IDM 和 ZDM 模型的流场基本重合,比 SDM 的大。此时,滑移使 SDM 模型的 Zeta 电势增大,双电层效应增强,

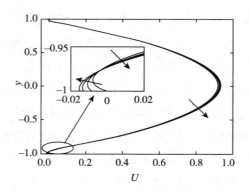

图 2-16　IDM 模型不同 Zeta 电势下边界滑移对流场的影响（$\zeta = 4, \kappa = 41$）
注：沿箭头的方向依次为 $\beta_1 = \beta_2 = 0, \beta_1 = \beta_2 = 0.01, \beta_1 = \beta_2 = 0.03, \beta_1 = \beta_2 = 0.05$

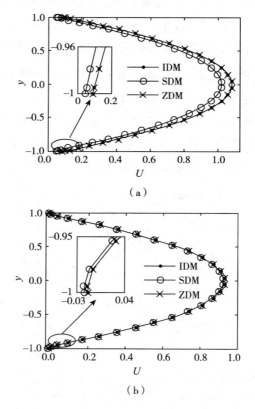

（a）

（b）

图 2-17　不同模型下 Zeta 电势和边界滑移对流场的影响（$\kappa = 41$）
（a）$\zeta = 0.2, \beta_1 = \beta_2 = 0.05$；（b）$\zeta = 4, \beta_1 = \beta_2 = 0.05$

电黏滞效应增加，流速减小。ZDM 模型中，Zeta 电势 $\zeta = 0.2$ 对边界滑移的减小作用可忽略，流场与 IDM 的相同。图 2-17（b）中，Zeta 电势较大（$\zeta = 4$），IDM、

ZDM 和 SDM 三模型的流场基本重合,在固—液界面处 SDM 模型指向流动反方向的滑移速度较 IDM 和 ZDM 的大。这是因为边界滑移使 SDM 模型下修正的 Zeta 电势增大,固—液界面附近回流速度增加,向后的滑移速度变大。由图 2-15 可知,当 Zeta 电势 $\zeta = 4$ 时,改变滑移长度对流速影响较小。因此,SDM 与 IDM 相差很小。当 Zeta 电势 $\zeta = 4$ 时,ZDM 模型中 Zeta 电势对边界滑移的减小作用仍可忽略,故流场与 IDM 的相同。

图 2-18 给出了 Zeta 电势较大时($\zeta = 10$),IDM、SDM 和 ZDM 三模型下的流场。通道内,三模型下的流场无显著差别。在近壁面区域,流速由小到大的顺序为 SDM、IDM 和 ZDM。这是因为,SDM 下边界滑移使 Zeta 电势增加,双电层效应增强,壁面处速度梯度的绝对值 $|\mathrm{d}\bar{U}(1)/\mathrm{d}\bar{y}|$ 和 $|\mathrm{d}\bar{U}(-1)/\mathrm{d}\bar{y}|$ 增加,从而壁面处向后的滑移速度 $U_1(1) = -\beta_1 \mathrm{d}U_1(1)/\mathrm{d}y$ 和 $U_2(-1) = \beta_2 \mathrm{d}U_2(-1)/\mathrm{d}y$ 增加。ZDM 下 Zeta 电势使边界滑移减小,从而使向后的滑移速度减小。

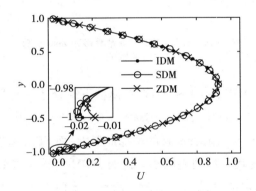

图 2-18　大 Zeta 电势时不同模型下的流场
($\zeta = 10, \beta_1 = \beta_2 = 0.05, \kappa = 41$)

2.1.6.6　体积流量

图 2-19 给出了 IDM 模型下综合考虑边界滑移和 Zeta 电势的体积流量。体积流量随着 Zeta 电势 $\bar{\zeta}$ 的增加而减小。当 Zeta 电势 $\bar{\zeta}$ 较小时,如 $\bar{\zeta} < 1$,改变边界滑移对体积流量影响显著,体积流量随着边界滑移的增加而增大。此时,双电层效应弱,固—液界面附近不出现回流,边界滑移使固—液界面处速度向前滑移,使槽道内流动向前推进,从而使体积流量显著增加。当 Zeta 电势 $\bar{\zeta}$ 较大时,如 $\bar{\zeta} > 2.5$,改变边界滑移对体积流量影响较小,体积流量随着边界滑移的增加

而缓慢增大。此时，双电层作用强，壁面附近出现回流和反向的滑移速度。滑移对槽道中央流体的推进作用大于对固—液界面附近的抑制作用，从而使体积流量增加。当 Zeta 电势在区间 $\bar{\zeta} \in [1,2.5]$ 时，改变边界滑移对体积流量无明显影响。此时，滑移对槽道中央流体的推动作用与对壁面附近流体的抑制作用势均力敌，相互抵消，从而滑移长度的变化对体积流量无明显影响。

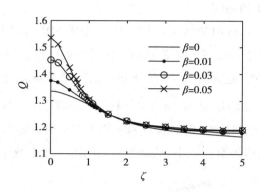

图 2-19　IDM 模型下边界滑移和 Zeta 电势
对体积流量的影响（$\kappa = 41$）

图 2-20 给出了 IDM、SDM 和 ZDM 三模型下综合考虑边界滑移和双电层时的体积流量。图 2-20（a）中，Zeta 电势较小（$\zeta = 0.2$），双电层作用较弱，IDM 和 ZDM 基本重合且体积流量随着滑移的增加而增大，而 SDM 模型下体积流量随着边界滑移的增加而先增加后缓慢减小。此时，SDM 滑移长度的增加导致 Zeta 电势增大，当增大到一定值时，如 [1,2.5]，滑移对体积流量几乎无影响，但 Zeta 电势的增加使电黏滞效应增加，综合效应对壁面附近流体的抑制作用稍大于对槽道中央流体的推动作用，流量稍有减小。图 2-20（b）中，Zeta 电势较大（$\zeta = 4$），体积流量随着边界滑移的增加而增加。IDM 和 ZDM 基本重合，且比 SDM 的大。此时，双电层作用较强，边界滑移对流量的增加作用较小。而 SDM 模型下的边界滑移又使 Zeta 电势增加，双电层作用增强，电黏滞效应增大，流量变小。

图 2-21 给出了 Zeta 电势较大时（$\zeta = 10$），IDM、SDM 和 ZDM 三模型下的体积流量。边界滑移使体积流量增加，边界滑移相同时体积流量由大到小的顺序依次为 IDM、SDM 和 ZDM。SDM 和 ZDM 的预测值均比 IDM 小，这是因为 Zeta 电势的增加或者边界滑移的减小均使体积流量减小。综合来看，边界滑移减小引起的体积流量减小量大于由 Zeta 电势增大引起的，ZDM 的预测值小于 SDM 的。

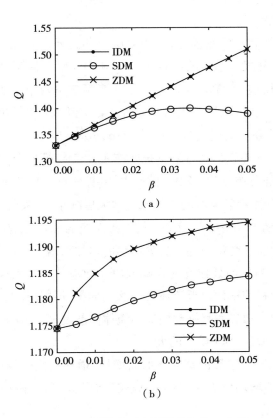

（a）

（b）

图 2-20　不同模型下边界滑移和 Zeta 电势
对体积流量的影响（$\kappa = 41$）

（a）$\zeta = 0.2$；（b）$\zeta = 4$

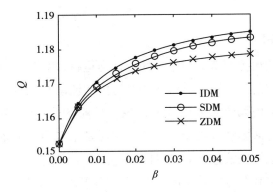

图 2-21　大 Zeta 电势时不同模型下的体积流量（$\kappa = 41, \zeta = 10$）

2.1.6.7 小结

依据边界滑移和双电层理论,采用双电层和边界滑移互不影响的传统模型(IDM),以及近几年发展起来的边界滑移影响 Zeta 电势模型(SDM)和 Zeta 电势影响边界滑移的模型(ZDM),对比研究了 3 个模型下双电层和边界滑移对微槽道内电势分布、流动势、流场和体积流量的影响。得出如下结论:

(1)边界滑移和双电层同时存在时,IDM,SDM 和 ZDM 三模型的电势分布不同。IDM 模型中,电势分布只与 Zeta 电势有关。SDM 模型中,Zeta 电势和滑移长度的改变均使电势分布变化。ZDM 模型中,电势分布只与 Zeta 电势有关。

(2)流动势随着 Zeta 电势的增加而先增大后减小,由大变小的转折点和转折点对应的 Zeta 电势与滑移长度有关。转折点对应的 Zeta 电势随着边界滑移的增加而减小,对应的流动势峰值随着边界滑移的增加而增大。

(3)边界滑移对壁面处速度的影响取决于双电层作用的强弱。当双电层作用较强时,边界滑移使壁面附近流体反向流动而推动槽道中央流体向前发展;当双电层效应较弱时,边界滑移推动槽道内流体向前发展。SDM 模型下,反向的滑移速度较 ZDM 模型和 IDM 模型的大。

(4)体积流量随着边界滑移的增加而增加,增加程度依赖于 Zeta 电势的值。Zeta 电势较小时的增加值大于 Zeta 电势较大时的。SDM 模型下的流量较 ZDM 模型和 IDM 模型的小。

2.2 固—液界面效应影响下的微槽道液—液分层流

2.2.1 引言

为合理而有效地控制微流控芯片的设计与运行,确保微萃取系统的可靠性,详尽地掌握互不相溶液—液分层流在微槽道内的流动特性非常必要。速度滑移和双电层是微槽道内两个重要的界面现象。目前,国内外有关同时考虑边界滑移和双电层对液—液黏性分层流影响的研究还是个空白。本章将着重于双电层和边界滑移这两个固—液界面效应,针对压力驱动下微槽道内液—液分层流,引入已有的边界滑移和双电层关系的 3 个模型(IDM,SDM,ZDM),旨在研究双电层和边界滑移共同影响下的流动性质,流道结构如图 2-22 所示。研究基于如下假设:

（1）槽道内充满了不可压缩、常物理性质的牛顿流体；

（2）流动为稳态的充分发展段的层流；

（3）上、下层液体互不相溶，液—液交界面处存在不考虑厚度的平面相界面；

（4）相界面稳定存在，且上、下壁面处的双电层互不重叠。

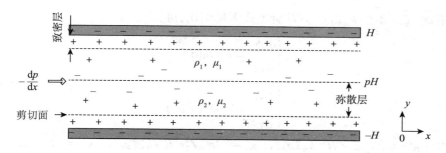

图 2-22　带有双电层的微槽道液—液分层流示意图

2.2.2　边界滑移与双电层相互独立的模型（IDM）

2.2.2.1　电势和离子浓度分布

上、下层流体任一点电势 ψ_1、ψ_2 和净电荷密度 ρ_{e1}、ρ_{e2} 的关系符合 Poisson 分布：

$$\begin{cases} \dfrac{\mathrm{d}^2\psi_1}{\mathrm{d}y^2} = -\dfrac{\rho_{e1}}{\varepsilon_0\varepsilon_1}, & p \leqslant y \leqslant 1 \\[3mm] \dfrac{\mathrm{d}^2\psi_2}{\mathrm{d}y^2} = -\dfrac{\rho_{e2}}{\varepsilon_0\varepsilon_2}, & -1 \leqslant y \leqslant p \end{cases} \qquad (2-35)$$

其中，下标为 1 时表示上层流体，下标为 2 时表示下层流体。净电荷密度 ρ_e 与离子浓度 n 的关系式为：

$$\begin{cases} \rho_{e1} = Z_1 e n_1 = Z_1 e (n_1^+ - n_1^-) \\ \rho_{e2} = Z_2 e n_2 = Z_2 e (n_2^+ - n_2^-) \end{cases} \qquad (2-36)$$

其中，Z 表示离子化合价；e 表示基本电荷；n 表示净离子浓度；n^+ 和 n^- 分别表示正负离子浓度。上、下层正负离子浓度可用 Boltzman 分布描述：

$$n_1^{\pm} = n_{10} e^{\pm Z_1 e\psi_1/k_B T}, \quad n_2^{\pm} = n_{20} e^{\pm Z_2 e\psi_2/k_B T} \qquad (2-37)$$

其中，n_{10} 和 n_{20} 分别表示上、下层流体原始体离子浓度。将式（2-35）~式（2-37）联立，可得 Poisson-Boltzmann（P-B）方程：

$$\begin{cases} \dfrac{\mathrm{d}^2\psi_1}{\mathrm{d}y^2} = \dfrac{2n_{10}Z_1e}{\varepsilon_0\varepsilon_1}\sinh\left(\dfrac{Z_1e\psi_1}{k_{\mathrm{B}}T}\right) \\[4mm] \dfrac{\mathrm{d}^2\psi_2}{\mathrm{d}y^2} = \dfrac{2n_{20}Z_2e}{\varepsilon_0\varepsilon_2}\sinh\left(\dfrac{Z_2e\psi_2}{k_{\mathrm{B}}T}\right) \end{cases} \tag{2-38}$$

利用 $\bar{\psi}_i = \bar{\zeta}_i = Ze\zeta_i/k_{\mathrm{B}}T$，$\bar{y} = y/H$ 将上式无量纲化，得：

$$\begin{cases} \dfrac{\mathrm{d}^2\bar{\psi}_1}{\mathrm{d}\bar{y}^2} = \kappa_1^2\sinh(\bar{\psi}_1) \\[4mm] \dfrac{\mathrm{d}^2\bar{\psi}_2}{\mathrm{d}\bar{y}^2} = \kappa_2^2\sinh(\bar{\psi}_2) \end{cases} \tag{2-39}$$

式中，$\kappa_1^2 = 2n_{10}Z_1^2e^2H^2/k_{\mathrm{B}}T\varepsilon_0\varepsilon_1$，$\kappa_2^2 = 2n_{20}Z_2^2e^2H^2/k_{\mathrm{B}}T\varepsilon_0\varepsilon_2$，$\kappa_1 = H \cdot k_1 = H(2n_{10}Z_1^2e^2H^2/k_{\mathrm{B}}T\varepsilon_0\varepsilon_1)^{1/2}$，$\kappa_2 = H \cdot k_2 = H(2n_{20}Z_2^2e^2H^2/k_{\mathrm{B}}T\varepsilon_0\varepsilon_2)^{1/2}$，$k_1$ 和 k_2 分别为上、下层流体的 Debye-Huckel 参数，$1/k_1$ 和 $1/k_2$ 分别表示上、下层流体的双电层特征厚度。κ_1 和 κ_2 分别为槽道半高与上、下层流体的双电层特征厚度的比值，也称电动分离距离。

当电势与离子的热能相比很小时，$|Ze\psi_i|$ 远小于 $|k_{\mathrm{B}}T|$，$\sinh(\bar{\psi}_1) \cong \bar{\psi}_1$，称为 Debye-Huckle 线性近似。将式（2-39）做 Debye-Huckle 线性近似后，可得：

$$\begin{cases} \dfrac{\mathrm{d}^2\bar{\psi}_1}{\mathrm{d}\bar{y}^2} = \kappa_1^2\bar{\psi}_1 \\[4mm] \dfrac{\mathrm{d}^2\bar{\psi}_2}{\mathrm{d}\bar{y}^2} = \kappa^2\bar{\psi}_2 \end{cases} \tag{2-40}$$

对于双电层互不重合的槽道，电势在液—液界面处满足：

$$\bar{\psi}_1(p) = \bar{\psi}_2(p) = 0 \tag{2-41}$$

固—液界面处电势满足：

$$\bar{\psi}_1(1) = \bar{\zeta}_1, \bar{\psi}_2(-1) = \bar{\zeta}_2 \tag{2-42}$$

将式（2-40）~式（2-42）联立，可得上、下两层流体无量纲化的电势分布：

$$\begin{cases} \bar{\psi}_1 = \dfrac{\bar{\zeta}_1}{\sinh\kappa_1(1-p)}\sinh\kappa_1(\bar{y}-p), & p \leqslant y \leqslant 1 \\[4mm] \bar{\psi}_2 = \dfrac{\bar{\zeta}_2}{\sinh\kappa_2(1+p)}\sinh\kappa_2(\bar{y}-p), & -1 \leqslant y \leqslant p \end{cases} \tag{2-43}$$

2.2.2.2　流场

双电层修正的上、下层不可压缩液—液黏性分层流的动量方程为：

$$\begin{cases} \mu_1 \dfrac{\mathrm{d}^2 U_1}{\mathrm{d}y^2} - \dfrac{\mathrm{d}P}{\mathrm{d}x} + E_x \rho_{e1} = 0 \\[3mm] \mu_2 \dfrac{\mathrm{d}^2 U_2}{\mathrm{d}y^2} - \dfrac{\mathrm{d}P}{\mathrm{d}x} + E_x \rho_{e2} = 0 \end{cases} \qquad (2-44)$$

式中，μ_1 和 μ_2 分别为上、下层流体的黏性系数，用流道半高 H，单层流最大流速 $U_0 = -(H^2/2\mu_2)(\mathrm{d}P/\mathrm{d}x)$，下层流体动力黏性系数 μ_2，下壁面 Zeta 电势 ζ_2 对上式进行无量纲化，设定 $r = \zeta_1/\zeta_2$，$m = \mu_1/\mu_2$，得到无量纲的 N-S 方程：

$$\begin{cases} \dfrac{\mathrm{d}^2 \overline{U}_1}{\mathrm{d}\bar{y}^2} = \dfrac{1}{m}\left(\dfrac{2 G_{21} \bar{\psi}_s}{\kappa_1^2} \dfrac{\mathrm{d}^2 \bar{\psi}_1}{\mathrm{d}\bar{y}^2} - G_1 \right) \\[4mm] \dfrac{\mathrm{d}^2 \overline{U}_2}{\mathrm{d}\bar{y}^2} = \dfrac{2 G_{22} \bar{\psi}_s}{\kappa_2^2} \dfrac{\mathrm{d}^2 \bar{\psi}_2}{\mathrm{d}\bar{y}^2} - G_1 \end{cases} \qquad (2-45)$$

其中，$G_1 = -\dfrac{H^2}{\mu_2 U_0} \dfrac{\mathrm{d}P}{\mathrm{d}x}$，$G_{21} = \dfrac{n_{10} Z_1 e H^2 r \zeta_2}{U_0 \mu_2 l}$，$G_{22} = \dfrac{n_{20} Z_2 e H^2 \zeta_2}{U_0 \mu_2 l}$，对式（2-45）二次积分后可得上、下层流的速度分布：

$$\begin{cases} \overline{U}_1(y) = \dfrac{1}{m}\left(\dfrac{2 G_{21} \bar{\psi}_s}{\kappa_1^2} \bar{\psi}_1 - \dfrac{G_1}{2} \bar{y}^2 \right) + C_1 \bar{y} + C_2 \\[4mm] \overline{U}_2(y) = \dfrac{2 G_{22} \bar{\psi}_s}{\kappa_2^2} \bar{\psi}_2 - \dfrac{G_1}{2} \bar{y}^2 + D_1 \bar{y} + D_2 \end{cases} \qquad (2-46)$$

而上、下壁面处速度满足边界滑移条件：

$$\overline{U}_1(1) = -\bar{\beta}_1 \dfrac{\mathrm{d}\overline{U}_1(1)}{\mathrm{d}\bar{y}}, \quad \overline{U}_2(-1) = \bar{\beta}_2 \dfrac{\mathrm{d}\overline{U}_2(-1)}{\mathrm{d}\bar{y}} \qquad (2-47)$$

上、下壁面处的 Zeta 电势分别为：

$$\bar{\psi}_1(1) = \bar{\zeta}_1, \quad \bar{\psi}_2(-1) = \bar{\zeta}_2 \qquad (2-48)$$

相界面处速度连续，剪切力连续，电势连续：

$$U_1(p) = U_2(p), \quad m\dfrac{\mathrm{d}U_1(p)}{\mathrm{d}y} = \dfrac{\mathrm{d}U_2(p)}{\mathrm{d}y}, \quad \psi_1(p) = \psi_2(p) = 0 \quad (2-49)$$

将式（2-46）一次微分，可得：

$$\begin{cases} \dfrac{\mathrm{d}\overline{U}_1}{\mathrm{d}\overline{y}} = \dfrac{1}{m}\left(\dfrac{2G_{21}\overline{\psi}_s}{\kappa_1^2}\dfrac{\mathrm{d}\overline{\psi}_1}{\mathrm{d}\overline{y}} - G_1\overline{y} \right) + C_1 \\[4mm] \dfrac{\mathrm{d}\overline{U}_2}{\mathrm{d}\overline{y}} = \dfrac{2G_{22}\overline{\psi}_s}{\kappa_2^2}\dfrac{\mathrm{d}\overline{\psi}_2}{\mathrm{d}\overline{y}} - G_1\overline{y} + D_1 \end{cases} \qquad (2-50)$$

将式(2-43)一次微分,可得:

$$\begin{cases} \dfrac{\mathrm{d}\overline{\psi}_1}{\mathrm{d}\overline{y}} = \dfrac{\kappa_1\overline{\zeta}_1}{\sinh\kappa_1(1-p)}\cosh\kappa_1(\overline{y}-p) \\[4mm] \dfrac{\mathrm{d}\overline{\psi}_2}{\mathrm{d}\overline{y}} = \dfrac{-\kappa_2\overline{\zeta}_2}{\sinh\kappa_2(1+p)}\cosh\kappa_2(p-\overline{y}) \end{cases} \qquad (2-51)$$

由式(2-46)~式(2-51)可得积分常数:

$$\begin{cases} C_1 = \dfrac{\dfrac{1}{m}\dfrac{2G_{21}\overline{\psi}_s}{\kappa_1^2}\overline{\zeta}_1 a_1 - \dfrac{2G_{22}\overline{\psi}_s}{\kappa_2^2}\overline{\zeta}_2 a_2 + a_3}{(1-m)p - (1+\overline{\beta}_2)m - (1+\overline{\beta}_1)} \\[6mm] C_2 = \dfrac{G_1}{m}\left(\overline{\beta}_1 + \dfrac{1}{2}\right) - (1+\overline{\beta}_1)C_1 - \dfrac{2G_{21}\overline{\psi}_s}{m\kappa_1^2}\overline{\zeta}_1\left(1 + \dfrac{\kappa_1\overline{\beta}_1}{\sinh\kappa_1(1-p)}\cosh\kappa_1(1-p)\right) \\[6mm] D_1 = mC_1 \\[6mm] D_2 = (1+\overline{\beta}_2)mC_1 - \dfrac{2G_{22}\overline{\psi}_s}{\kappa_2^2}\overline{\zeta}_2\left(1 + \dfrac{\kappa_2\overline{\beta}_2}{\sinh\kappa_2(1+p)}\cosh\kappa_2(p+1)\right) + G_1\left(\overline{\beta}_2 + \dfrac{1}{2}\right) \end{cases}$$

$$(2-52)$$

其中,$a_1 = 1 + \dfrac{\kappa_1\overline{\beta}_1}{\sinh\kappa_1(1-p)}\cosh\kappa_1(1-p)$,$a_2 = 1 + \dfrac{\kappa_2\overline{\beta}_2}{\sinh\kappa_2(1+p)}\cosh\kappa_2(p+1)$,

$a_3 = \dfrac{G_1}{2}p^2\left(\dfrac{1}{m}-1\right) - \dfrac{G_1}{m}\left(\overline{\beta}_1 + \dfrac{1}{2}\right) + G_1\left(\overline{\beta}_2 + \dfrac{1}{2}\right)$。若流动势 $\overline{\psi}_s$ 已知,式(2-46)

和式(2-52)就构成了双电层和边界滑移共同影响下液—液分层流的速度分布。

流动电势 ψ_s 可通过电流平衡模型 $I_{s1} + I_{s2} + I_{c1} + I_{c2} = 0$ 计算。上、下层流体的流动电流为:

$$\begin{cases} I_{s1} = 2n_{10}U_0Z_1eH\bar{I}_{s1} = 2n_{10}U_0Z_1eH\displaystyle\int_p^1 \bar{U}_1\bar{\rho}_{e1}\,\mathrm{d}\bar{y} \\[4mm] I_{s2} = 2n_{20}U_0Z_2eH\bar{I}_{s2} = 2n_{20}U_0Z_2eH\displaystyle\int_{-1}^p \bar{U}_2\bar{\rho}_{e2}\,\mathrm{d}\bar{y} \end{cases} \tag{2-53}$$

将 P—B 方程 $\dfrac{\mathrm{d}^2\bar{\psi}_1}{\mathrm{d}\bar{y}^2} = -\dfrac{\kappa_1^2}{2}\bar{\rho}_{e1}$ 和 $\dfrac{\mathrm{d}^2\bar{\psi}_2}{\mathrm{d}\bar{y}^2} = -\dfrac{\kappa_2^2}{2}\bar{\rho}_{e2}$ 代入上式,可得上、下层无量纲的流

动电流:

$$\begin{cases} \bar{I}_{s1} = \displaystyle\int_p^1 \bar{U}_1\bar{\rho}_{e1}\,\mathrm{d}\bar{y} = -\frac{2}{\kappa_1^2}\int_p^1 \bar{U}_1\mathrm{d}\!\left(\frac{\mathrm{d}\bar{\psi}_1}{\mathrm{d}\bar{y}}\right) = -\frac{2}{\kappa_1^2}\bar{U}_1\frac{\mathrm{d}\bar{\psi}_1}{\mathrm{d}\bar{y}}\bigg|_p^1 + \frac{2}{\kappa_1^2}\int_p^1 \frac{\mathrm{d}\bar{\psi}_1}{\mathrm{d}\bar{y}}\mathrm{d}\bar{U}_1 \\[4mm] \bar{I}_{s2} = \displaystyle\int_{-1}^p \bar{U}_2\bar{\rho}_{e2}\,\mathrm{d}\bar{y} = -\frac{2}{\kappa_2^2}\int_{-1}^p \bar{U}_2\mathrm{d}\!\left(\frac{\mathrm{d}\bar{\psi}_2}{\mathrm{d}\bar{y}}\right) = -\frac{2}{\kappa_2^2}\bar{U}_2\frac{\mathrm{d}\bar{\psi}_2}{\mathrm{d}\bar{y}}\bigg|_{-1}^p + \frac{2}{\kappa_2^2}\int_{-1}^p \frac{\mathrm{d}\bar{\psi}_2}{\mathrm{d}\bar{y}}\mathrm{d}\bar{U}_2 \end{cases} \tag{2-54}$$

式中:

$$-\frac{2}{\kappa_1^2}\bar{U}_1\frac{\mathrm{d}\bar{\psi}_1}{\mathrm{d}\bar{y}}\bigg|_p^1 = -\frac{2}{\kappa_1^2}\left(\bar{U}_1(1)\frac{\mathrm{d}\bar{\psi}_1(1)}{\mathrm{d}\bar{y}} - \bar{U}_1(p)\frac{\mathrm{d}\bar{\psi}_1(p)}{\mathrm{d}\bar{y}}\right)$$

$$= \frac{2}{\kappa_1^2}\frac{\kappa_1\bar{\zeta}_1\cosh\kappa_1(1-p)}{\sinh\kappa_1(1-p)}\left(\frac{1}{m}\frac{2G_{21}\bar{\psi}_s}{\kappa_1^2}\frac{\bar{\beta}_1\kappa_1\bar{\zeta}_1\cosh\kappa_1(1-p)}{\sinh\kappa_1(1-p)} + \bar{\beta}_1C_1 - \frac{G_1}{m}\bar{\beta}_1\right) \tag{2-55}$$

$$-\frac{2}{\kappa_2^2}\bar{U}_2\frac{\mathrm{d}\bar{\psi}_2}{\mathrm{d}\bar{y}}\bigg|_{-1}^p = -\frac{2}{\kappa_2^2}\left(\bar{U}_2(p)\frac{\mathrm{d}\bar{\psi}_2(p)}{\mathrm{d}\bar{y}} - \bar{U}_2(-1)\frac{\mathrm{d}\bar{\psi}_2(-1)}{\mathrm{d}\bar{y}}\right)$$

$$= \frac{2}{\kappa_2^2}\frac{\kappa_2\bar{\zeta}_2\cosh\kappa_2(p+1)}{\sinh\kappa_2(1+p)}\left(\frac{2G_{22}\bar{\psi}_s}{\kappa_2^2}\frac{\bar{\beta}_2\kappa_2\bar{\zeta}_2\cosh\kappa_2(p+1)}{\sinh\kappa_2(1.+p)} - \bar{\beta}_2mC_1 - \bar{\beta}_2G_1\right) \tag{2-56}$$

$$\frac{2}{\kappa_1^2}\int_p^1 \frac{\mathrm{d}\bar{\psi}_1}{\mathrm{d}\bar{y}}\mathrm{d}\bar{U}_1 = \frac{2}{\kappa_1^2}\int_p^1 \frac{\mathrm{d}\bar{\psi}_1}{\mathrm{d}\bar{y}}\left(\frac{1}{m}\left(\frac{2G_{21}\bar{\psi}_s}{\kappa_1^2}\frac{\mathrm{d}\bar{\psi}_1}{\mathrm{d}\bar{y}} - G_1\bar{y}\right) + C_1\right)\mathrm{d}y$$

$$= \frac{2}{\kappa_1^2}\frac{1}{m}\frac{2G_{21}\bar{\psi}_s}{\kappa_1^2}\left(\frac{\kappa_1\bar{\zeta}_1}{\sinh\kappa_1(1-p)}\right)^2 b_1 - \frac{2}{\kappa_1^2}\frac{G_1}{m}\bar{\zeta}_1b_3 + \frac{2\bar{\zeta}_1C_1}{\kappa_1^2} \tag{2-57}$$

$$\frac{2}{\kappa_2^2}\int_{-1}^{p}\frac{\mathrm{d}\bar\psi_2}{\mathrm{d}\bar y}\mathrm{d}\bar U_2 = \frac{2}{\kappa_2^2}\int_{-1}^{p}\frac{\mathrm{d}\bar\psi_2}{\mathrm{d}\bar y}\left(\frac{2G_{22}\bar\psi_s}{\kappa_2^2}\frac{\mathrm{d}\bar\psi_2}{\mathrm{d}\bar y}-G_1\bar y+D_1\right)\mathrm{d}y$$

$$(2-58)$$

$$=-\frac{2}{\kappa_2^2}\frac{2G_{22}\bar\psi_s}{\kappa_2^2}\left(\frac{\kappa_2\bar\zeta_2}{\sinh\kappa_2(1+p)}\right)^2 b_2 - \frac{2G_1}{\kappa_2^2}\bar\zeta_2 b_4 - \frac{2\zeta_2 mC_1}{\kappa_2^2}$$

将式(2-55)~式(2-58)代入式(2-54),可得上、下层无量纲的流动电流:

$$\begin{cases}\bar I_{s1} = \dfrac{2}{\kappa_1^2}\dfrac{1}{m}\dfrac{2G_{21}\bar\psi_s}{\kappa_1^2}\left((\bar\beta_1(\cosh\kappa_1(1-p))^2+b_1)\left(\dfrac{\kappa_1\bar\zeta_1}{\sinh\kappa_1(1-p)}\right)^2+(b_7+1)\dfrac{\bar\zeta_1\bar\zeta_1 a_1}{b_5}\right)\\[3mm]
\qquad -\dfrac{2}{\kappa_1^2}\dfrac{2G_{22}\bar\psi_s}{\kappa_2^2}\dfrac{\bar\zeta_1\bar\zeta_2}{b_5}(b_7+1)+\dfrac{2\bar\zeta_1}{\kappa_1^2}\left(b_7\left(\dfrac{a_3}{b_5}-\dfrac{G_1}{m}\right)+\dfrac{a_3}{b_5}-\dfrac{G_1}{m}b_3\right)\\[3mm]
\bar I_{s2} = \dfrac{2}{\kappa_2^2}\dfrac{2G_{22}\bar\psi_s}{\kappa_2^2}\left((\bar\beta_2(\cosh\kappa_2(p+1))^2-b_2)\left(\dfrac{\kappa_2\bar\zeta_2}{\sinh\kappa_2(1+p)}\right)^2+(b_6+1)\dfrac{m\bar\zeta_2\bar\zeta_2 a_2}{b_5}\right)\\[3mm]
\qquad -\dfrac{2}{\kappa_2^2}\dfrac{2G_{21}\bar\psi_s}{\kappa_1^2}(b_6+1)\dfrac{\bar\zeta_1\bar\zeta_2}{b_5}-\dfrac{2\bar\zeta_2}{\kappa_2^2}\left((b_6+1)\dfrac{ma_3}{b_5}+G_1(b_4+b_6)\right)\end{cases}$$

$$(2-59)$$

电流平衡模型中,无量纲的感应电流可表示为:

$$\begin{cases}\bar I_{c1} = \dfrac{I_{c1}}{2\zeta_1\lambda_{T1}H} = \dfrac{\bar\psi_s\bar A_1}{\bar l} = \dfrac{\bar\psi_s(1-p)}{\bar l}\\[4mm]
\bar I_{c2} = \dfrac{I_{c2}}{2\zeta_2\lambda_{T2}H} = \dfrac{\bar\psi_s(p+1)}{\bar l}\end{cases}$$

$$(2-60)$$

将电流平衡方程无量纲化,得无量纲的电流平衡方程:

$$n_{10}U_0 z_1 e\bar I_{s1} + n_{20}U_0 z_2 e\bar I_{s2} + \zeta_1\lambda_{T1}\bar I_{c1} + \zeta_2\lambda_{T2}\bar I_{c2} = 0 \qquad (2-61)$$

将无量纲化的流动电流、感应电流代入式(2-61),得:

$$G_{31}\bar I_{s1} + G_{32}\bar I_{s2} + R\bar\psi_s(1-p) + \bar\psi_s(p+1) = 0 \qquad (2-62)$$

其中,$G_{31} = \dfrac{U_0 n_{10} Z_1 el}{\zeta_2\lambda_{T2}}$,$G_{32} = \dfrac{U_0 n_{20} Z_2 el}{\zeta_2\lambda_{T2}}$,参数 $R = \dfrac{\zeta_1\lambda_{T1}}{\zeta_2\lambda_{T2}}$ 表征上下两层溶液的电导率之比。至此,流动势可求得:

$$\bar{\psi}_s = \cfrac{\dfrac{2G_{32}\bar{\zeta}_2}{\kappa_2^2}\left((b_6+1)\dfrac{ma_3}{b_5}+G_1(b_4+b_6)\right)-\dfrac{2G_{31}\bar{\zeta}_1}{\kappa_1^2}\left(b_7\left(\dfrac{a_3}{b_5}-\dfrac{G_1}{m}\right)+\dfrac{a_3}{b_5}-\dfrac{G_1}{m}b_3\right)}{\dfrac{4G_{21}G_{31}}{m\kappa_1^4}b_8-\dfrac{4G_{21}G_{32}}{\kappa_1^2\kappa_2^2}\dfrac{\bar{\zeta}_1\bar{\zeta}_2a_1}{b_5}(b_6+1)+\dfrac{4G_{22}G_{32}}{\kappa_2^4}b_9-\dfrac{4G_{22}G_{31}}{\kappa_1^2\kappa_2^2}\dfrac{\bar{\zeta}_1\bar{\zeta}_2a_2}{b_5}(b_7+1)}$$

$$+R(1-p)+(p+1)$$

$$(2-63)$$

式（2-46）、式（2-52）、式（2-63）构成了壁面处存在双电层和边界滑移时的微槽道液—液分层流流场。为验证上述推导过程的正确性，假设上、下两层液体为相同液体且无分层，即可看作单向流系统。则系统中 $\zeta_1=\zeta_2=\zeta$，$p=0$，$m=1$，$G_{31}=G_{32}=G_3$，$G_{21}=G_{22}=G_2$，$C_1=D_1=0$，式（2-63）可退化为：

$$\bar{\psi}_s=\cfrac{2G_1G_3\bar{\zeta}}{\dfrac{4G_2G_3\bar{\zeta}^2}{\sinh^2\kappa}\left(\dfrac{\sinh2\kappa}{4\kappa}-\dfrac{1}{2}\right)+\kappa^2}\left(1-\dfrac{\cosh\kappa-1}{\kappa\sinh\kappa}\right)，$$ 这与文献中给出的形式

相符。

因此，上述关于固—液界面处存在双电层和边界滑移的微通道液—液分层流流场的推导是可靠的。

上述推导过程的积分常数和中间参数分别为：

$$b_1=\frac{\sinh2\kappa_1(1-p)}{4\kappa_1}+\frac{(1-p)}{2}，\quad b_2=\frac{\sinh2\kappa_2(1+p)}{4\kappa_2}+\frac{(1+p)}{2}，$$

$$b_3=1-\frac{\cosh\kappa_1(1-p)-1}{\kappa_1\sinh\kappa_1(1-p)}，\quad b_4=1-\frac{\cosh\kappa_2(p+1)-1}{\kappa_2\sinh\kappa_2(1+p)}，$$

$$b_5=(1-m)p-(1+\bar{\beta}_2)m-(1+\bar{\beta}_1)，$$

$$b_6=\frac{\bar{\beta}_2\kappa_2\cosh\kappa_2(p+1)}{\sinh\kappa_2(1+p)}，\quad b_7=\frac{\kappa_1\bar{\beta}_1\cosh\kappa_1(1-p)}{\sinh\kappa_1(1-p)}，$$

$$b_8=(\bar{\beta}_1(\cosh\kappa_1(1-p))^2+b_1)\left(\frac{\kappa_1\bar{\zeta}_1}{\sinh\kappa_1(1-p)}\right)^2+(b_7+1)\frac{\bar{\zeta}_1\bar{\zeta}_1a_1}{b_5}，$$

$$b_9=(\bar{\beta}_2(\cosh\kappa_2(p+1))^2+b_2)\left(\frac{\kappa_2\bar{\zeta}_2}{\sinh\kappa_2(1+p)}\right)^2+(b_6+1)\frac{m\bar{\zeta}_2\bar{\zeta}_2a_2}{b_5}$$

2.2.2.3 体积流量

对流速分布式(2-46)在槽道内积分,得上、下层流的无量纲体积流量:

$$
\bar{Q}_1 = \int_p^1 \left(\frac{1}{m} \left(\frac{2G_{21}\bar{\psi}_s}{\kappa_1^2} \bar{\psi}_1 - \frac{G_1}{2}\bar{y}^2 \right) + C_1\bar{y} + C_2 \right) \mathrm{d}\bar{y}
$$

$$
= \frac{2G_{21}\bar{\psi}_s}{m\kappa_1^2} \frac{\bar{\zeta}_1(\cosh(\kappa_1(1-p))-1)}{\kappa_1 \sinh\kappa_1(1-p)} - \frac{1}{m}\frac{G_1}{2}\frac{1-p^3}{3} + C_1\frac{1-p^2}{2} + C_2(1-p)
$$

$$(2-64)$$

$$
\bar{Q}_2 = \int_{-1}^p \left(\frac{2G_{22}\bar{\psi}_s}{\kappa_2^2}\bar{\psi}_2 - \frac{G_1}{2}\bar{y}^2 + D_1\bar{y} + D_2 \right) \mathrm{d}\bar{y}
$$

$$
= -\frac{2G_{22}\bar{\psi}_s}{\kappa_2^2} \frac{\bar{\zeta}_2(1-\cosh\kappa_2(p+1))}{\kappa_2\sinh\kappa_2(1+p)} - \frac{G_1}{2}\frac{p^3+1}{3} + D_1\frac{p^2-1}{2} + D_2(p+1)
$$

$$(2-65)$$

上、下层流体的总体积流量 $\bar{Q} = \bar{Q}_1 + \bar{Q}_2$。

2.2.3 边界滑移影响 Zeta 电势模型(SDM)

2.2.3.1 滑移影响下 Zeta 电势的变化

依据 Soong 等,滑移影响 Zeta 电势值的关系式为:

$$
\bar{\zeta}_{ia} = \bar{\zeta}_i + \bar{\beta}_i\kappa\sinh\bar{\zeta}_i \tag{2-66}
$$

本章仍然假设电势与离子热能相比很小,$|Ze\psi_i|$ 远小于 $|k_B T|$,采用 Debye-Huckle 线性近似,$\sinh\bar{\zeta}_i \approx \bar{\zeta}_i$。式(2-66)可写为:

$$
\bar{\zeta}_{ia} = \bar{\zeta}_i(1 + \bar{\beta}_i\kappa_i) \tag{2-67}
$$

2.2.3.2 电势和离子浓度分布

将式(2-43)中 $\bar{\zeta}_1$ 和 $\bar{\zeta}_2$ 分别替换为式(2-67)中的 ζ_{ia},得槽道内的电势分布:

$$
\begin{cases}
\bar{\psi}_1 = \dfrac{\bar{\zeta}_{1a}}{\sinh\kappa_1(1-p)}\sinh\kappa_1(\bar{y}-p), & p \leq y \leq 1 \\[4mm]
\bar{\psi}_2 = -\dfrac{\bar{\zeta}_{2a}}{\sinh\kappa_2(1+p)}\sinh\kappa_2(\bar{y}-p), & -1 \leq y \leq p
\end{cases} \tag{2-68}
$$

将所得电势分布代入式(2-37)中,可得槽道内的离子浓度分布。

2.2.3.3　流场和体积流量

将式(2-52)和式(2-63)中的 $\bar{\zeta}_1$ 和 $\bar{\zeta}_2$ 分别替换为 $\bar{\zeta}_{1a}$ 和 $\bar{\zeta}_{2a}$ 带入(2-46)中得上、下层流体的流场。将式(2-64)和式(2-65)中的 $\bar{\zeta}_1$ 和 $\bar{\zeta}_2$ 分别替换为 $\bar{\zeta}_{1a}$ 和 $\bar{\zeta}_{2a}$ 可得上下、层流体的无量纲体积流量。

2.2.4　Zeta 电势影响边界滑移模型(ZDM)

2.2.4.1　电势和离子浓度分布

式(2-43)和式(2-37)为本模型下槽道内的电势和离子浓度分布。

2.2.4.2　表面电荷对滑移长度的影响

为研究边界滑移和表面电荷对压力驱动流的作用,本节引入一个表面电荷影响滑移长度的模型:

$$\beta = \frac{\beta_0}{1 + \frac{1}{\alpha}\left(\frac{\sigma d^2}{e}\right)^2 \frac{l_B}{d^2}\beta_0} \qquad (2-69)$$

式中, β_0 是不考虑表面电荷时的滑移长度, l_B 表示贝耶伦长度(Bjerrum length), $l_B = e^2/4\pi\varepsilon k_B T$, d 为 Lenard-Jones 势的平衡距离, $\alpha \sim 1$ 为数前因子, σ 为表面电荷浓度。为将表面电荷浓度与 Zeta 电势关联起来,假设表面电荷浓度与流体及壁面的性质相关,可以表示为:

$$\sigma_1 = -\frac{4\kappa_1\varepsilon_1\zeta_1}{H\bar{\zeta}_1}\frac{\tanh(\bar{\zeta}_1/4)}{\tanh^2(\bar{\zeta}_1/4)-1}, \sigma_2 = -\frac{4\kappa_2\varepsilon_2\zeta_2}{H\bar{\zeta}_2}\frac{\tanh(\bar{\zeta}_2/4)}{\tanh^2(\bar{\zeta}_2/4)-1}$$

$$(2-70)$$

对于液—液分层流,上、下固—液界面处的滑移长度和 Zeta 电势不同,定义 β_{10} 和 β_{20} 分别为未受表面电荷影响的上、下固—液界面处滑移长度。则在表面电荷影响下,上、下固—液界面处滑移长度分别为:

$$\bar{\beta}_1 = \frac{\bar{\beta}_{10}}{1 + \frac{1}{\alpha}\left(\frac{\sigma_1 d^2}{e}\right)^2 \frac{l_B}{d^2}\bar{\beta}_{10}} = \frac{\bar{\beta}_{10}}{1 + \frac{1}{\alpha}\frac{d^2(\sigma_1)^2}{4\pi\varepsilon_1 k_B T}\bar{\beta}_{10}}$$

$$= \frac{\bar{\beta}_{10}}{1 + C_{ZS1}\left(\dfrac{\kappa_1\zeta_1}{\bar{\zeta}_1}\dfrac{\tanh(\bar{\zeta}_1/4)}{\tanh^2(\bar{\zeta}_1/4) - 1}\right)^2 \bar{\beta}_{10}} \qquad (2-71)$$

$$\bar{\beta}_2 = \frac{\bar{\beta}_{20}}{1 + \dfrac{1}{\alpha}\left(\dfrac{\sigma_2 d^2}{e}\right)^2 \dfrac{l_B}{d^2}\bar{\beta}_{20}} = \frac{\bar{\beta}_{20}}{1 + \dfrac{d^2}{\alpha}\dfrac{(\sigma_2)^2}{4\pi\varepsilon_2 k_B T}\bar{\beta}_{20}}$$

$$\qquad (2-72)$$

$$= \frac{\bar{\beta}_{20}}{1 + C_{ZS2}\left(\dfrac{\kappa_2\zeta_2}{\bar{\zeta}_2}\dfrac{\tanh(\bar{\zeta}_2/4)}{\tanh^2(\bar{\zeta}_2/4) - 1}\right)^2 \bar{\beta}_{20}}$$

其中, $C_{ZS1} = \dfrac{1}{\alpha}\dfrac{4d^2\varepsilon_1}{\pi k_B TH^2}$, $C_{ZS2} = \dfrac{1}{\alpha}\dfrac{4d^2\varepsilon_2}{\pi k_B TH^2}$。

2.2.4.3 流场和体积流量

将式(2-71)和式(2-72)修正过后的滑移长度 β_1 和 β_2 带入式(2-46)中得上、下层流体的流场分布。将式(2-71)和式(2-72)修正过后的滑移长度 β_1 和 β_2 带入式(2-64)和式(2-65)中可得上、下层流体的无量纲体积流量。

2.2.5 模型验证

在 Pohar 等实验条件下,计算体积流量比 Q_1/Q_2 随界面位置 p 的变化关系,并与其实验值进行对比。实验中,正己烷与 DIUF 水平行流入 220 μm×50 μm 的硼硅酸盐微槽道,动力黏度系数比 m 为 0.294。在与 DIUF 水接触的壁面处形成双电层,而与正己烷接触的壁面处无双电层。与 DIUF 水接触壁面 Zeta 电势为 -150 mV(-5.841)。将边界滑移设为 0.03,计算结果如图 2-23 所示。流量比随着界面位置的增加而减小且比实验值小。在 Pohar 等的研究中,正己烷与水左右平行流入高宽比为 1∶4.4 的微槽道。而在本研究中,正己烷与水上下平行流入高宽比为 1∶+∞的微槽道。Pohar 等研究中流体的厚度比本文的大。因此,本文所预测正己烷与水的体积流量比 Q_1/Q_2 较 Pohar 等的实验值小。

受与水接触壁面双电层的影响,边界滑移使与水接触壁面附近的流速减小,而使与正己烷接触壁面附近的流速增加,从而使正己烷与水的体积流量比 Q_1/Q_2 增加。与仅考虑双电层和无修正的模型相比,综合考虑双电层和边界滑移作用

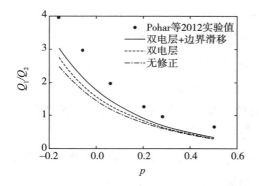

图 2-23　模型预测流量比 Q_1/Q_2 随界面位置
p 的变化关系与 Pohar 等实验值的比较
$(\zeta_1=0,\zeta_2=-5.841,\beta_1=\beta_2=0.03,m=0.294)$

时的预测值与实验值更接近。随着界面位置 p 的增加,界面位置与水接触壁面之间的距离增加,双电层效应减小,三个模型的偏差减小,正己烷与水的体积流量比接近无修正时的值。

在与 Gao 等相同的条件下$(p=-0.2,\zeta_1=0,\zeta_2=0.2,m=10,\kappa=200)$,用最大流速无量纲化流场,并与 Gao 等的流场进行比较。计算结果与 Gao 的计算结果吻合,如图 2-24 所示。

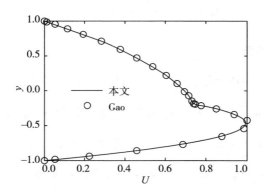

图 2-24　模型预测流场与 Gao 计算值的比较
$(\zeta_1=0,\zeta_2=0.2,\beta_1=\beta_2=0,m=10,\kappa=200)$

2.2.6　结果与讨论

本章研究有机物—水系统在压力梯度 $dP/dx=1.5\times10^4$ N $\cdot$ m^{-3} 和温度

$T=298\mathrm{K}$ 下通过长度 $l=0.01\ \mathrm{m}$ 的硅微槽道的情况,所得结果适用于无限稀释的 1∶1 电解质溶液。下层水性电解质溶液的性质为 $n_{20}=6.022\times10^{20}\ \mathrm{m}^{-3}$,$\lambda_T=1.2639\times10^{-7}\ \mathrm{S\cdot m^{-1}}$,$\varepsilon_2=80$,$Z=1$,$\mu=0.9\times10^{-3}\ \mathrm{kg\cdot m^{-1}\cdot s^{-1}}$,上层油性电解质溶液具有低的离子浓度 $n_{10}=6.022\times10^{19}\ \mathrm{m}^{-3}$ 和低的介电常数 $\varepsilon_1=17.8$。下层流体与 0211-玻璃接触时的 Zeta 电势为 55 mV,对应的无量纲值为 2.1254。

2.2.6.1 电势分布

图 2-25 为 $\zeta_1=\zeta_2=\zeta=2.1254$ 时的电势分布图。从图 2-25 中可以看出,在近壁面区域,电势迅速减小为零,计算结果与文献 Ren 和 Li 的报道相吻合。

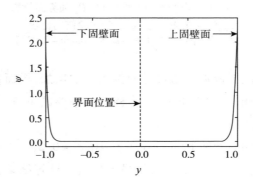

图 2-25 微通道内液—液分层流的电势分布
($\zeta_1=\zeta_2=2.1254$,$2H=28.2\ \mu\mathrm{m}$,$p=0$)

2.2.6.2 流动势

图 2-26 给出了 IDM 模型下边界滑移不同时流动势 $\bar{\psi}_s$ 随 Zeta 电势 ζ 的变化曲线。当固—液界面处无双电层时,槽道内流动势为零,即当 $\bar{\zeta}=0$ 时,$\bar{\psi}_s=0$。当边界滑移为定值时,存在一临界 Zeta 电势 $\bar{\zeta}_c$,当 $\bar{\zeta}>\bar{\zeta}_c$ 时,流动势随着 Zeta 电势的增加而减小;当 $\bar{\zeta}<\bar{\zeta}_c$ 时,流动势随着 Zeta 电势的增加而增大。临界 Zeta 电势 $\bar{\zeta}_c$ 随着边界滑移的增加而减小。临界 Zeta 电势 $\bar{\zeta}_c$ 对应的流动势称为流动势峰值,流动势峰值随着滑移的增加而增加。当 Zeta 电势 $\bar{\zeta}$ 较小时,如 $\bar{\zeta}<2$,流动势随着滑移的增大而增大。此时,上、下层流体的双电层作用均较弱,上、下壁面附近均无回流,边界滑移推动上、下壁面附近流体向前流动,使槽道内电流密度增加,流动势增加。当 Zeta 电势 $\bar{\zeta}$ 较大时,如 $\bar{\zeta}\in(2,5)$,流动势随着滑移的

增大而减小。此时,高介电常数的下层流双电层作用强,下壁面附近有回流,低介电常数的上层流双电层作用较弱,上壁面处无回流,上壁面处速度梯度 $d\overline{U}(1)/d\overline{y}$ 和下壁面处速度梯度 $d\overline{U}(-1)/d\overline{y}$ 为负,上壁面处速度为正而下壁面的速度为负。上壁面处滑移使上壁面附近电荷正向移动,增加槽道内的电流密度,而下壁面处滑移使下壁面附近的高密度电荷反向运动,减小槽道内电流密度。综合来看,滑移导致的槽道内电流密度的减小量大于电流密度的增加量,从而,滑移使槽道内电流密度减小,流动势减小。如果 Zeta 电势 ζ 继续增大,则上层流的双电层效应逐渐增加并且在上壁面附近出现速度回流,边界滑移使上、下壁面附近带有高密度电荷的流体均反向移动,槽道内电流密度减小,流动势减小。

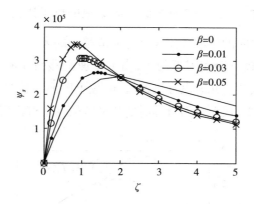

图 2-26　IDM 模型下边界滑移不同时壁面 Zeta 电势 ζ 对流动势 $\overline{\psi}_s$ 的影响
($p=0.3, \zeta_1=\zeta_2=\zeta, \beta_1=\beta_2=\beta, 2H=28.2\ \mu m, m=2, R=0.2$)

Zeta 电势受壁面材料,电解质溶液的性质和温度等因素影响。在 Mala 和 Li 的实验研究中,对于 P-型硅微槽道,KCl 溶液浓度从 10^{-4} mol/L 变到 10^{-6} mol/L 时,Zeta 电势将从 100 mV 变到 200 mV,而对应的无量纲 Zeta 电势将从 3.891 变到 7.782。当 KCl 浓度为 10^{-6} mol/L 时,0211-玻璃微槽道和 P-型硅微槽道对应的 Zeta 电势分别为 55 mV 和 200 mV,对应的无量纲 Zeta 电势分别为 2.1254 和 7.782。因此,当微槽道的上下壁面材料不同,或者电解质溶液浓度不同时,上、下固—液界面处的 Zeta 电势往往不同甚至相差几倍。

图 2-27 给出了 IDM 模型下仅一侧壁面存在滑移时上壁面 Zeta 电势 ζ_1 改变对流动势 $\overline{\psi}_s$ 的影响。下壁面 Zeta 电势 $\zeta_2=2.1254$。上壁面 Zeta 电势 ζ_1 存在一

个临界值 ζ_{1c},当 $\zeta_1 > \zeta_{1c}$ 时,流动势随着 ζ_1 的增加而减小;当 $\zeta_1 < \zeta_{1c}$ 时,流动势随着 ζ_1 的增加而增加。仅下壁面有滑移时($\beta_1 = 0, \beta_2 = 0.01$)的临界值 ζ_{1c} 大于仅上壁面有滑移时($\beta_1 = 0.01, \beta_2 = 0$)的。临界值 ζ_{1c} 对应一个流动势峰值,仅上壁面有滑移时($\beta_1 = 0.01, \beta_2 = 0$)的流动势峰值大于仅下壁面有滑移时($\beta_1 = 0, \beta_2 = 0.01$)的。当 ζ_1 位于区间 $\bar{\zeta}_1 \in (0.2, 2.8)$ 时,仅下壁面有滑移时($\beta_1 = 0, \beta_2 = 0.01$)的流动势小于仅上壁面有滑移时($\beta_1 = 0.01, \beta_2 = 0$)的;当 ζ_1 位于 $\bar{\zeta}_1 \in (0, 0.2)$ 和 $\bar{\zeta}_1 \in (2.8, 5)$ 时,仅上壁面有滑移时($\beta_1 = 0.01, \beta_2 = 0$)的流动势小于仅下壁面有滑移时($\beta_1 = 0, \beta_2 = 0.01$)的。这是因为,当 $\bar{\zeta}_1 \in (0, 0.2)$ 时,下壁面附近的电荷密度较上壁面附近的大,由下壁面滑移引起的电流密度增加量大于由仅上壁面滑移引起的,下壁面滑移导致下游聚集的离子比仅上壁面滑移时的多,从而,仅下壁面滑移时的流动势比仅上壁面滑移时的大。当 $\bar{\zeta}_1 \in (2.8, 5)$ 时,上壁面附近电荷密度较下壁面附近的大,由上壁面滑移引起的电流密度增加量大于仅下壁面滑移引起的,此时电导迅速增加,仅上壁面滑移时下游堆积的离子较仅下壁面滑移时的少,仅上壁面滑移时的流动势较仅下壁面滑移时的小。

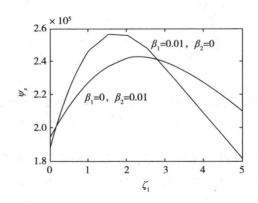

图 2-27　IDM 模型下壁面 Zeta 电势 ζ_1 对流动势的影响
($p = 0.3, \zeta_2 = 2.1254, 2H = 28.2\ \mu\text{m}, m = 2, R = 0.2$)

2.2.6.3　流场

图 2-28 给出了双电层效应不同时,边界滑移对分层流的影响。当双电层作用较弱时,如 Zeta 电势 $\zeta = 0.5$,流速随着边界滑移的增加而增大。此时,双电层效应弱,在壁面附近无回流,上壁面处速度梯度 $\text{d}\bar{U}(1)/\text{d}\bar{y}$ 为负而下壁面处速度

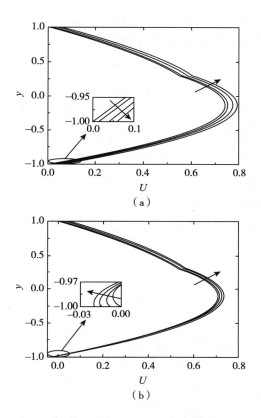

图 2-28　Zeta 电势 ζ 较小和较大时边界滑移对分层流的影响
（$p = 0.3, m = 2, R = 0.2, 2H = 28.2\ \mu m$）
（a）$\zeta_1 = \zeta_2 = 0.5$；（b）$\zeta_1 = \zeta_2 = 3.891$
注：沿箭头的方向依次为 $\beta_1 = \beta_2 = 0, \beta_1 = \beta_2 = 0.01, \beta_1 = \beta_2 = 0.03, \beta_1 = \beta_2 = 0.05$。

梯度 $d\overline{U}(-1)/d\overline{y}$ 为正，上、下壁面的滑移速度 $U_1(1) = -\beta_1 dU_1(1)/dy$ 和 $U_2(-1) = \beta_2 dU_2(-1)/dy$ 均为正，边界滑移使流速加快。当 Zeta 电势较大时，如 $\zeta = 3.891$，边界滑移使远离壁面区域以及上壁面附近区域速度增加而使下壁面附近速度减小。此时，上层流的介电常数（$\varepsilon_1 = 17.8$）小而下层流的介电常数（$\varepsilon_2 = 80$）大，上层流的双电层作用弱而下层流的双电层效应强，上壁面附近无回流现象而下壁面附近出现回流，上壁面处速度梯度 $d\overline{U}(1)/d\overline{y}$ 和下壁面处速度梯度 $d\overline{U}(-1)/d\overline{y}$ 均为负，上壁面的滑移速度 $U_1(1) = -\beta_1 dU_1(1)/dy$ 为正而下壁面的滑移速度 $U_2(-1) = \beta_2 dU_2(-1)/dy$ 为负，边界滑移使下壁面处流体反向流动。下壁面处流体反向流动使壁面附近的离子也向反方向流动，从而降低了通道内的流动势、诱导电流和电黏滞阻力,下边界滑移使远离壁面处流体向前流动。边界滑移使壁面附近速度增加或者减小由双电层效应的弱或者强决定。

图 2-29 给出了双电层和边界滑移综合影响下上、下壁面 Zeta 电势比对分层流的影响。在靠近上壁面处,液体流动速度随着 Zeta 电势比 n 的增加而减小。当上壁面处 Zeta 电势增加时,上壁面附近的速度逐渐减小且出现回流。当上壁面附近出现速度回流时,滑移使上壁面处反向速度增加。在下壁面附近,液体流动速度随着 Zeta 电势比 n 的增加而增大。当下壁面 Zeta 电势不变而上壁面 Zeta 电势增加时,溶液中被上壁面吸引的离子比下壁面的多,上壁面附近的双电层效应逐渐增加而下壁面附近的双电层效应逐渐减小。因此,下壁面处的正向滑移速度逐渐增加。

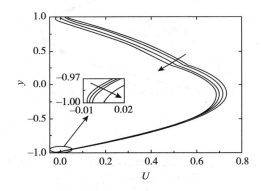

图 2-29 边界滑移和双电层综合作用下 Zeta 电势比 n 对分层流的影响
($\zeta_2 = 2.1254, \beta_1 = \beta_2 = 0.03, p = 0.3, m = 2, R = 0.2, 2H = 28.2\ \mu m$)
注:沿箭头的方向依次为 $n = 1, n = 2, n = 3, n = 4$。

Zeta 电势和边界滑移系数由壁面材料以及与壁面接触溶液的性质决定。通常,微槽道上、下壁面材料以及与壁面接触的液体溶液不同,Zeta 电势值和边界滑移系数在上、下壁面处不对称。图 2-30 给出了仅上壁面存在滑移时,上、下壁面 Zeta 电势改变对分层流的影响。在图 2-30(a)中,下壁面 Zeta 电势 $\zeta_2 = 2.1254$,上壁面 Zeta 电势 ζ_1 变化。上壁面 Zeta 电势对流速有显著的影响,流速随着上壁面 Zeta 电势的增加而减小。同时可以看到,上壁面处滑移速度随着上壁面 Zeta 电势的增加而减小。这是双电层作用的增强使速度梯度 $|\mathrm{d}\overline{U}_1(1)/\mathrm{d}\overline{y}|$ 绝对值减小且使 $\mathrm{d}\overline{U}_1(1)/\mathrm{d}\overline{y}$ 由负变正导致的。上壁面 Zeta 电势

ζ_1 的增加对下壁面附近流速影响很小。下壁面附近流速随着上壁面 Zeta 电势 ζ_1 的增加而增大。这是上壁面吸引溶液中大量离子而使下壁面附近双电层作用减小导致的。在图 2-30(b) 中，上壁面 Zeta 电势 $\zeta_1 = 2.1254$，下壁面 Zeta 电势 ζ_2 变化，下壁面处的回流速度随着下壁面 Zeta 电势的增加而增加。当下壁面 Zeta 电势 $\zeta_2 = 0$ 时，溶液中被上壁面吸引的离子数远大于被下壁面吸引的，上壁面附近的双电层效应强且出现速度回流，边界滑移使上壁面处流体反向流动。在下壁面 Zeta 电势 ζ_2 逐渐增大的过程中，如 $\zeta_2 > 2.1254$，下壁面处吸引的离子数比上壁面处的多，下壁面处 Zeta 电势的改变对上壁面附近的双电层效应影响较小。另外，上层流的介电常数较小，上层流的双电层效应远弱于下层流的，因此，下壁面 Zeta 电势的增加对上壁面附近流速影响很小。

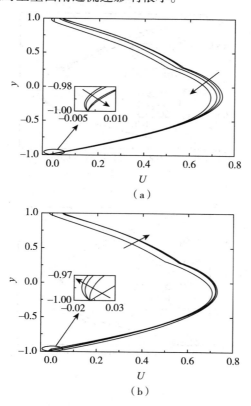

（a）

（b）

图 2-30　仅上壁面滑移时上、下壁面 Zeta 电势 ζ 对分层流的影响
$(\beta_1 = 0.03, \beta_2 = 0, p = 0.3, m = 2, R = 0.2, 2H = 28.2\ \mu m)$
（a）$\zeta_2 = 2.1254$，沿箭头的方向依次为 $\zeta_1 = 0, \zeta_1 = 2.1254, \zeta_1 = 3.891, \zeta_1 = 7.782$；
（b）$\zeta_1 = 2.1254$，沿箭头的方向依次为 $\zeta_2 = 0, \zeta_2 = 2.1254, \zeta_2 = 3.891, \zeta_2 = 7.782$

　　图 2-31 给出了仅下壁面存在滑移时,上、下壁面 Zeta 电势对分层流流速的影响。在图 2-31(a)中,下壁面 Zeta 电势 $\zeta_2 = 2.1254$,上壁面 Zeta 电势 ζ_1 变化,上壁面 Zeta 电势增大了上壁面附近的双电层效应甚至出现速度回流现象而对下壁面附近的速度几乎无影响。下壁面附近流速随着上壁面 Zeta 电势 ζ_1 的增加而增加。这是因为,下壁面附近的双电层效应随着上壁面 Zeta 电势 ζ_1 的增加而减小,$|\mathrm{d}\bar{U}_1(-1)/\mathrm{d}\bar{y}|$ 减小,因此,向后的滑移速度减小。在图 2-31(b)中,上壁面 Zeta 电势 $\zeta_1 = 2.1254$,下壁面 Zeta 电势 ζ_2 变化,下壁面 Zeta 电势降低了下壁面附近的流速。随着下壁面 Zeta 电势的增加,下壁面附近双电层效应增加,下壁面附近的回流速度以及反向的滑移速度增加。可以看出,当下壁面 Zeta 电势 ζ_2 大于 2.1254 时,下壁面处 Zeta 电势的变化对上壁面附近的速度几乎无影响。

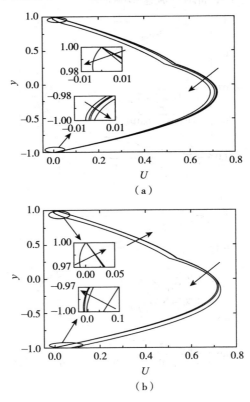

图 2-31　仅下壁面滑移时上、下壁面处 Zeta 电势 ζ 对流动速度的影响
($\beta_1 = 0, \beta_2 = 0.03, p = 0.3, m = 2, R = 0.2, 2H = 28.2~\mu\mathrm{m}$)
(a) $\zeta_2 = 2.1254$,沿箭头的方向依次为 $\zeta_1 = 0, \zeta_1 = 2.1254, \zeta_1 = 3.891, \zeta_1 = 7.782$;
(b) $\zeta_1 = 2.1254$,沿箭头的方向依次为 $\zeta_2 = 0, \zeta_2 = 2.1254, \zeta_2 = 3.891, \zeta_2 = 7.782$

此时,即 $\zeta_2>2.1254$,如果边界滑移与双电层同时存在于一侧壁面,Zeta 电势的改变对流动速度影响显著,否则基本无影响。

图 2-32 给出了双电层和边界滑移综合作用下相界面位置 p 对分层流的影响。由图可知,相界面位置 p 能够显著影响分层流,相界面越接近上壁面(p 越大),流速峰值越大。流速峰值随着高黏性流体所占比例的增加而减小。上壁面附近的流速随着界面位置增加而减小,下壁面附近的流速随着界面位置的增加而增加。当界面位置逐渐向上壁面移动(p 增加)时,液—液界面与上壁面之间的距离减小,上壁面处双电层效应增强,上壁面处正向的滑移速度减小。随着液—液界面与下壁面的间距增大,下壁面处滑移速度的变化规律与上壁面处的相反。

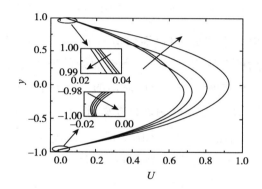

图 2-32　双电层和边界滑移综合作用下相界面位置 p 对分层流的影响
($\beta_1=\beta_2=0.03,\zeta_1=\zeta_2=3.891,2H=28.2\ \mu m,m=2,R=0.2$)
注:沿箭头的方向依次为 $p=0,p=0.3,p=0.6,p=0.9$。

图 2-33 给出了双电层和边界滑移综合作用下动力黏性系数比 m 对分层流的影响。界面位置 $p=0.3$ 在槽道的上半部分,与上壁面的距离更小。黏性系数比 m 能够显著影响分层流。最大流速和液—液界面处流速随着动力黏性系数比 m 的增加而减小。随着动力黏性系数比 m 的增加,上壁面处向前的滑移速度逐渐减小,下壁面处向后的滑移速度减小。这是由 $|\mathrm{d}\overline{U}_1(1)/\mathrm{d}\overline{y}|$ 和 $|\mathrm{d}\overline{U}_1(-1)/\mathrm{d}\overline{y}|$ 的减小引起的。

图 2-34 给出了双电层和边界滑移综合作用下电导率比 R 对分层流的影响。如图所示,随着电导率比 R 的增加,流速增大,电黏滞效应减弱,向后的滑移速度减小。这是因为上层流体电导率增加,流动方向上电流传输能力增强,有助于流

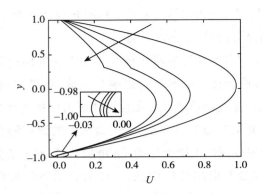

图 2-33　双电层和边界滑移综合作用下黏性系数比 m 对分层流的影响
($\zeta_1 = \zeta_2 = 3.891, \beta_1 = \beta_2 = 0.03, p = 0.3, 2H = 28.2 \ \mu m, R = 0.2$)
注:沿箭头的方向依次为 $m = 1, m = 2, m = 3, m = 5$。

体向前推进。流体电导率增加,电黏滞效应减弱,壁面附近的双电层作用变小,滑移长度不变时向后的滑移速度减小。下壁面处的速度变化较上壁面处的大,这是因为上层流体的介电常数小于下层流体的。电导率的增大对小介电常数侧流体流动速度的影响较小。另外,当黏性系数比 $m = 2$ 时,上层流的黏性系数大于下层流的黏性系数,$|\,\mathrm{d}\overline{U}_1/\mathrm{d}\overline{y}\,| < |\,\mathrm{d}\overline{U}_2/\mathrm{d}\overline{y}\,|$。因此,在相同的滑移长度下,下壁面滑移对壁面速度的影响要比上壁面滑移的大。

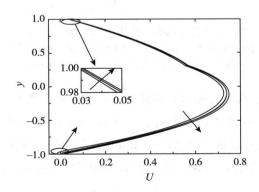

图 2-34　双电层和边界滑移综合作用下电导率比 R 对分层流的影响
($\beta_1 = \beta_2 = 0.03, \zeta_1 = \zeta_2 = 3.891, 2H = 28.2 \ \mu m, m = 2, p = 0.3$)
注:沿箭头的方向依次为 $R = 0.2, R = 10, R = 20$。

图 2-35 给出了双电层和边界滑移综合作用下槽道高度 $2H$ 对分层流的影响。由图 2-35 可知,槽道高度 $2H$ 越大,流速越大,电黏滞效应越小。当双电层

作用较弱时($2H = 200~\mu m$),上、下壁面处的滑移速度为正,边界滑移使流速向前滑移。当槽道高度较大时,双电层作用较弱,边界滑移推动流体向前移动。当槽道高度减小到 $2H = 100~\mu m$ 时,强的双电层效应使下壁面处速度回流,$\mathrm{d}\overline{U}(-1)/\mathrm{d}\overline{y}$ 为负且下壁面处滑移速度为负,边界滑移使下壁面附近流体向反方向流动。当槽道高度继续减小,如 $2H = 40.5~\mu m$ 时,双电层效应继续增强,$\mathrm{d}\overline{U}(-1)/\mathrm{d}\overline{y}$ 的绝对值继续变大,下壁面处反方向的滑移速度变大。也就是说,当槽道高度较小时($2H < 100~\mu m$),边界滑移加强了双电层的电黏滞效应;当槽道高度较大时($2H = 200~\mu m$),边界滑移减弱双电层的电黏滞效应而使流动向前发展。

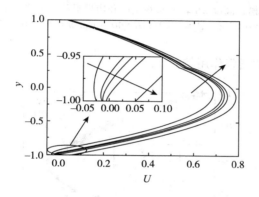

图 2-35　双电层和边界滑移综合作用下槽道高度 2H 对分层流的影响
($\beta_1 = \beta_2 = 0.03, \zeta_1 = \zeta_2 = 3.891, m = 2, p = 0.3, R = 0.2$)

注:沿箭头的方向依次为 $2H = 14.1~\mu m, 2H = 28.2~\mu m, 2H = 40.5~\mu m, 2H = 100~\mu m, 2H = 200~\mu m$。

图 2-36 给出了槽道高度 $2H = 40.5~\mu m$ 时,边界滑移和双电层综合影响下的流速分布。在远离壁面区域,IDM、SDM 和 ZDM 的值重合。在壁面附近的区域,IDM 和 ZDM 的值重合且均比 SDM 模型的大,SDM 模型的回流现象最显著。这是因为槽道高度较大时,如 $2H = 40.5~\mu m$,电动分离距离 κ 较大,SDM 模型中边界滑移对 Zeta 电势的放大速率较大,对双电层作用的增强效果明显,从而使向后的滑移速度变大。ZDM 模型中 Zeta 电势对滑移长度的作用较小,可以忽略,与 ZDM 的流场重合。

图 2-37 给出了槽道高度 $2H = 14.1~\mu m$ 时,边界滑移和双电层综合影响下的流场。IDM、SDM 和 ZDM 的值在远离壁面处重合。在壁面附近,SDM 模型与 ZDM 和 IDM 模型的差值比图 2-36 的小。这是因为槽道高度很小时,如 $2H = 14.1~\mu m$,电动分离距离 κ 较小,SDM 模型中边界滑移对 Zeta 电势的放大速率较

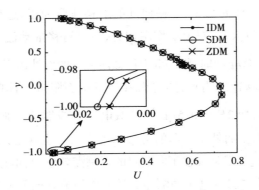

图2-36　槽道高度$2H$较大时双电层和边界滑移综合影响下的分层流
（$\beta_1=\beta_2=0.03,\zeta_1=\zeta_2=3.891,2H=40.5\ \mu\mathrm{m},m=2,p=0.3,R=0.2$）

小,对双电层效果的增强作用较弱。

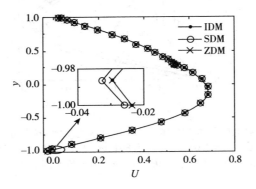

图2-37　槽道高度$2H$较小时双电层和边界滑移综合影响下的分层流
（$\beta_1=\beta_2=0.03,\zeta_1=\zeta_2=3.891,2H=14.1\ \mu\mathrm{m},m=2,p=0.3,R=0.2$）

　　图2-38给出了三个模型下单侧双电层和边界滑移作用下的分层流。图2-38(a)给出了滑移与双电层不同时出现在一侧固—液界面上,即上壁面存在滑移、下壁面存在双电层的情况。上壁面处三模型的滑移速度相同,下壁面处的滑移速度均为零,三模型互相重合。图2-38(b)给出了滑移与双电层同时出现在一侧壁面上,即上壁面既无滑移又无双电层、下壁面既有滑移又有双电层的情况。上壁面处SDM、ZDM和IDM的滑移速度均为零。下壁面处SDM、ZDM和IDM三个模型的速度均向后滑移,滑移程度最大的是SDM。如果边界滑移和双电层不同时出现在一侧壁面时,IDM、SDM和ZDM三个模型下的流速完全相同。

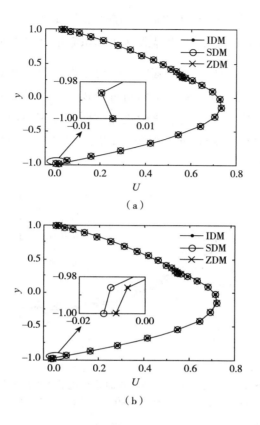

图 2-38 IDM、SDM 和 ZDM 模型下单侧壁面效应对分层流的影响
($\zeta_1 = 0, \zeta_2 = 3.891, 2H = 28.2 \ \mu m, m = 2, p = 0.3, R = 0.2$)
(a) $\beta_1 = 0.03, \beta_2 = 0$; (b) $\beta_1 = 0, \beta_2 = 0.03$

2.2.6.4 体积流量

图 2-39 给出了 IDM 模型下综合考虑边界滑移和 Zeta 电势时的体积流量。

体积流量随着 Zeta 电势 $\bar{\zeta}$ 的增加而减小。当 Zeta 电势 $\bar{\zeta}$ 较小时,如 $\bar{\zeta} < 1.5$,改变边界滑移对体积流量影响显著,体积流量随着滑移长度的增加而增加。此时,壁面附近无回流现象,滑移使壁面处速度大于 0,推动槽道内的流动向前移动,从而显著增大体积流量。当 Zeta 电势 $\bar{\zeta}$ 较大时,如 $\bar{\zeta} > 2.5$,改变滑移长度对体积流量的影响不显著,体积流量随着滑移长度的增加而缓慢增大。此时,下壁面附近回流现象显著,滑移使下壁面附近流体反向流动而槽道中央流体向前发展;小介电常数的上层流双电层作用弱,上壁面附近无回流,边界滑移使上壁面附近流动向前发展。上层流以及槽道中央流体向前发展引起的流量变化比下壁面附近反向流动引起的流量变化大,则边界滑移使体积流量缓慢增加。当 Zeta 电势在区间 $\bar{\zeta} \in [1.5, 2.5]$ 内时,边界滑移的改变对体积流量无明显影响。此时,下壁面附近回流现象不显著,滑移使下壁面附近流体反向流动以及槽道中央流体向前发展的程度较小,上层流以及槽道中央流体向前发展引起的流量变化与下壁面附近反向流动引起的流量变化相当,因此,改变边界滑移对体积流量影响很小。

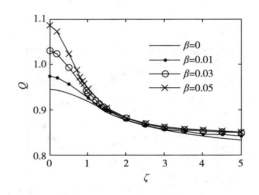

图 2-39 IDM 模型下边界滑移不同时壁面 Zeta 电势 ζ 对体积流量 Q 的影响
($p = 0.3, \zeta_1 = \zeta_2 = \zeta, \beta_1 = \beta_2 = \beta, 2H = 28.2\ \mu m, m = 2, R = 0.2$)

图 2-40 给出了综合考虑边界滑移和 Zeta 电势时黏性系数比 m 对体积流量 Q 的影响。图 2-40(a)为 IDM 模型下上层流、下层流、上下层流之和的体积流量随黏性系数比 m 的变化曲线。上层流、下层流、上下层流之和的体积流量均随着黏性系数比 m 的增加而减小。界面位置 $p = 0.3$ 在槽道上半部分,上层流的体积流量较下层流的小。随着黏性系数比 m 的增加,上层流体的黏性系数增大从而更能阻碍上层流体向前发展,因此,上层流体体积流量减小得更快。图 2-40(b)为 IDM、SDM 和 ZDM 模型下总体积流量随黏性系数比 m 的变化曲线。IDM、SDM 和 ZDM 模型的值重合,均随黏性系数比 m 的增加而减小。此时,由边界滑移引起 Zeta 电势变化以及由 Zeta 电势引起边界滑移变化而导致的体积流量变化很小,选用上述三种模型中任一种的结果是一样的。

图 2-41 给出了综合考虑边界滑移和 Zeta 电势时界面位置 p 对体积流量 Q 的影响。图 2-41(a)为 IDM 下上层体积流量、下层体积流量、上下层体积流量之和随界面位置 p 的变化曲线。在界面位置从下壁面向上壁面移动的过程中,上

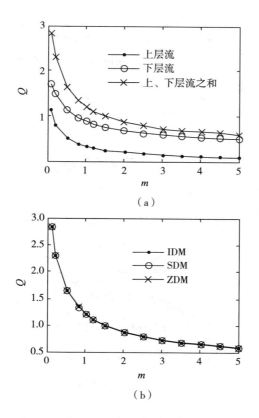

（a）

（b）

图 2-40　黏性系数比 m 对体积流量 Q 的影响
（$p=0.3, \zeta_1=\zeta_2=2.1254, \beta_1=\beta_2=0.01, 2H=28.2\ \mu m, R=0.2$）

层流体积流量先增加后减小，下层流体积流量持续增加，上、下层流体积流量之和增加。此时，动力黏性系数比 $m=2$，上层流体的黏性系数比下层流体的大，在靠近下壁面的区域 [$p \in (-0.95, -0.75)$]，下层低黏性流体所占比例增大则槽道内最大流速增加，且上层流所占比例减小引起的上层流体积流量的减小量较最大流速增加引起的体积流量增加量小。因此，在区域 $p \in (-0.95, -0.75)$ 内，随着液—液界面向上壁面移动，下层低黏性流体比例增加使上层流体流速增加、体积流量增大，上层体积流量逐渐增加。当界面位置在上壁面和下壁面附近时，体积流量的变化速度比远离壁面时的快。当界面位置位于区域 $p \in (-0.5, 0.5)$ 时，改变界面位置对总体积流量影响较小。此时，上层流体积流量的减少量与下层流体积流量的增加量相当，上、下层流的总体积流量变化不大。图 2-41（b）为 IDM、SDM 和 ZDM 模型下上、下层体积流量之和随界面位置 p 的变化曲

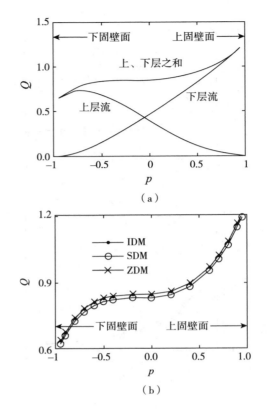

图 2-41　界面位置 p 对体积流量 Q 的影响
（$m = 2, \zeta_1 = \zeta_2 = 2.1254, \beta_1 = \beta_2 = 0.01, 2H = 28.2~\mu m, R = 0.2$）

线。体积流量均随界面位置向上壁面移动而增加。IDM 和 ZDM 的值重合，比 SDM 的值大。这是因为滑移的存在使 SDM 中的 Zeta 电势增加，从而增强了电黏滞效应，降低了流体的体积流量。

　　图 2-42 给出了综合考虑边界滑移和 Zeta 电势时电导率比 R 对体积流量 Q 的影响。图 2-42（a）为 IDM 下上层流、下层流、上下层流之和的体积流量 Q 随电导率比 R 的变化曲线。随着电导率比 R 的增加，上层体积流量、下层体积流量、总体积流量均在缓慢增加。电导率比 R 的变化不会显著改变槽道内流体体积流量。因此，在调配上、下层流体体积流量的过程中可以忽略两相液体的电导率差值。图 2-42（b）为 IDM、SDM 和 ZDM 模型下上下层流之和的体积流量随电导率比 R 的变化曲线，IDM 和 ZDM 的值重合，比 SDM 的值大，这与滑移的存在使 SDM 中的 Zeta 电势增加、电黏滞效应增大有关。

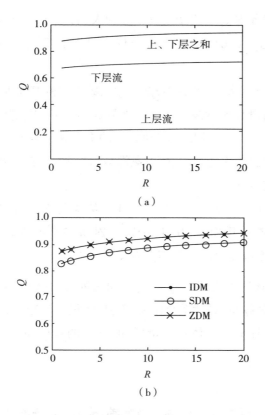

图 2-42　电导率比 R 对体积流量 Q 的影响
（$p=0.3, \zeta_1=\zeta_2=2.1254, \beta_1=\beta_2=0.01, 2H=28.2\ \mu m, m=2$）

2.2.6.5　小结

采用双电层和边界滑移互不影响的传统模型（IDM），以及近几年发展起来的边界滑移影响 Zeta 电势模型（SDM）和 Zeta 电势影响边界滑移模型（ZDM），建立了双电层和边界滑移共同作用下的液—液分层流模型，研究了双电层和边界滑移共同作用下液—液黏性分层流的流动特性。得出如下结论：

（1）随着 Zeta 电势的增加，流动势先增大后减小。流动势由增大变为减小的转折点对应的 Zeta 电势和流动势峰值与边界滑移有关。对应的 Zeta 电势随着边界滑移的增加而减小，流动势峰值随着滑移的增加而增加。

（2）上壁面滑移和下壁面滑移对流动势与 Zeta 电势的关系影响很大。在本章所讨论下壁面 Zeta 电势为 2.1254 的情况下，存在 Zeta 电势值区间 $\bar{\zeta}_1 \in (0.2, 2.8)$，若 ζ_1 位于该区间内，仅上壁面有滑移（$\beta_1=0.01, \beta_2=0$）的流动势峰值较仅下壁面有滑移($\beta_1 = 0, \beta_2 = 0.01$)的大;若$\zeta_1$位于该区间外,仅下壁面有滑移时($\beta_1 = 0, \beta_2 = 0.01$)的流动势较仅上壁面有滑移时($\beta_1 = 0.01, \beta_2 = 0$)的大。

(3)黏性系数比越大,流速越小,低黏性系数流体侧壁面处双电层效应越弱,指向流动反方向的滑移速度越小。液—液界面与一侧壁面距离越小,则该侧壁面处双电层作用越强,壁面处指向流动方向的滑移速度越小。电导率比R的增大使流动方向上电流传输能力越强,电黏滞效应减小,流速增加,此时,边界滑移使壁面处流体向前滑移。

(4)如果边界滑移与双电层同时存在于一侧壁面,Zeta电势的改变对流动速度影响显著,否则基本无影响。IDM、SDM和ZDM三个模型下的流速分布与Zeta电势、边界滑移长度以及电动分离距离有关。

(5)高黏性流体所占槽道比例越小,体积流量越大;Zeta电势$\bar{\zeta}$越大,双电层作用越强,体积流量越小;黏性系数比m增加,体积流量减小;电导率比R增加,体积流量增加。边界滑移使体积流量增加,增加的幅度与Zeta电势(双电层效应)的大小有关。

2.3 固—液界面效应影响下微槽道液—液分层流的稳定性

2.3.1 引言

分层流作为一种常见的流动,其流动稳定性问题一直受到广泛关注。Charles和Lilleleht最早从实验中观察到上、下分层流动的界面波,但没有指出界面波的产生机理。Yih从理论上研究了黏性分层引起的平板Couette-Poiseuille上下分层流流动不稳定性问题,导出了二维长波扰动的一般表达式。他发现在平板Couette-Poiseuille中,黏性分层会导致失稳,扰动增长依赖于流动的物理及几何参数,尤其是上、下层流体的黏性比、密度比和厚度比。Yu和Sparrow实验研究了矩形通道内矿物油和水的分层流,证明了由Yih提出的黏性分层能够引起界面不稳定的理论。Kao和Park研究了水和煤油分层流在高宽比为1:8的矩形槽道内的流动稳定性,在实验中他们发现当雷诺数增加至2300时,界面波产生,流动失稳;雷诺数小于2300时,则不能激发出界面波。他们没有激发出

Yih1967 预测的长波界面失稳模式,但他们证实了当雷诺数大于某个临界值时,会出现 Tollmien-Schlichting(T-S)波形式的剪切失稳模式。Yiantsios 和 Higgins 研究了上下两层流的密度比、厚度比以及表面张力等对平板 Poiseuille 分层流流动稳定性的影响,从理论上预测了界面模式和剪切模式的临界雷诺数。Hooper 研究证明分层流动稳定性由这两种模式控制。

Khomami 和 Su 观察到了具有弱表面张力的硅油和聚异丁烯煤油系统上下分层平板 Poiseuille 流黏性界面的不稳定性,在该实验条件下,低雷诺数时存在界面不稳定性,扰动增长的实验结果与线性稳定性理论的预测值相吻合。Cao 运用有限差分法研究了密度匹配、黏性分层二维 Poiseuille 流的稳定性,得到了不同雷诺数下厚度比、黏性比和波数对小扰动增长速率的影响。

在微槽道内,流动形态取决于槽道几何形貌、两相流体的性质和流动条件等要素。Dreyfus 等研究了壁面湿润度对流动形态的影响。结果显示,流动形态是有序的还是混乱的由壁面的湿润度决定。如果流体完全润湿微槽道壁面,流动是有序的,如果部分润湿,则是无序的。固体表面的亲水性、疏水性可以通过接触角定量的表示。Xu 等发现当接触角小于 90° 时仅出现无序的流动形态,当接触角大于 90° 时可以得到有序的流动形态。Logtenberg 等通过对 PDMS 微芯片槽道壁面的改性,得到了稳定的水—正丁醇液—液分层流。他们认为对固—液界面进行改性是得到稳定的液—液分层流的关键。

双电层和边界滑移是微槽道内重要的影响因素。Lauga 和 Cossu 研究了边界滑移影响下微槽道内单层流的流动稳定性,结果表明,边界滑移能够显著增加流动的线性稳定性。He 认为边界滑移能增强可压缩液—液分层流的稳定性。Tardu 研究了双电层对微通道内单层流稳定性的影响。结果表明,双电层会使流动提前失稳,当电动分离距离大于 150 时,双电层对流动稳定性的影响会迅速消失。You 和 Guo 综合考虑固—液界面处边界滑移和双电层的作用,研究了平行平板微槽道内单层流的稳定性。他们发现,双电层使流动稳定性减弱,边界滑移使流动稳定性增强,而边界滑移对流动稳定性的影响取决于固—液界面处的 Zeta 电势,当 Zeta 电势足够大时,边界滑移对流动稳定性的影响可被忽略。

You 和 Guo 研究了双电层影响下微槽道内流动的稳定性,认为双电层使系统提前转捩。You 等研究了液—液分层流界面稳定性,发现当雷诺数很小时系统的失稳机制。Ozen 等研究了两层液体流经平板微槽道的泊肃叶流动稳定性问题。在他们的研究中,两层液体的电性质不同,外加了正向电场且流动势被忽略。结果表明,外加电场能够增强或者减弱液—液平行流的稳定性。You 等考虑固—液界面边界滑移,研究了微槽道内液—液黏性分层流的稳定性。结果表明,边界滑移能够增强流动的稳定性,流动的稳定性被边界滑移、动力黏性比、表面张力、液—液界面结构和界面位置等参数控制。

目前,所有关于考虑双电层效应的液—液分层流稳定性的问题都添加了外加电场的作用。他们更偏向于研究外加电场和流动机理的关系。压力驱动无外加电场的液—液黏性分层流稳定性问题在重现微系统以及均一化微结构等方面有着至关重要的作用。然而,关于这一问题的研究之前尚未开展。

介于壁面双电层和边界滑移都是重要的微尺度效应,两者不可忽略且应该被同时考虑。而综合考虑双电层和边界滑移对流动稳定性影响的研究目前还是个空白。本章基于前面关于固—液界面处双电层和边界滑移液—液分层流建立的流场解析,从壁面 Zeta 电势、滑移系数、界面位置、流体性质等参数入手,着重研究边界滑移和双电层对液—液黏性分层流流动稳定性影响的问题。两平行平板微槽道内加入扰动的液—液黏性分层流如图 2-43 所示。

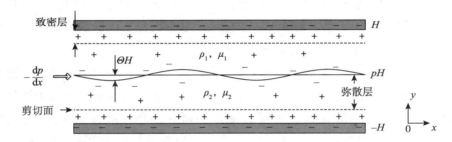

图 2-43　液—液黏性分层流示意图
注:ΘH 代表扰动。

2.3.2　小扰动分析

2.3.2.1　扰动方程

本章采用小扰动方法研究分层流流动的稳定性。对于二维平板泊肃叶流,平均速度可以简化为 $U_i(y)$ 和 $V_i = W_i = 0$。字母 $i=1$ 时代表上层液体,$i=2$ 时代表下层液体。流动速度和压强可以分别分解为平均值和扰动:

$$
\begin{cases}
u_i(x,y,t) = U_i(y) + u_{is}(x,y,t) \\
v_i(x,y,t) = v_{is}(x,y,t) \\
w_i(x,y,t) = w_{is}(x,y,t) \\
p_i(x,y,t) = P_i(x) + p_{is}(x,y,t)
\end{cases}
\tag{2-73}
$$

鉴于 Yih's 将 Squire 的理论推广到分层流,二维扰动足够解决分层流的稳定性问题。因此,本章考虑了二维扰动,引入扰动流函数:

$$
\{\Psi, \Phi\} = \{\varphi(y), \varphi(y)\} \exp[i\alpha(x-ct)]
\tag{2-74}
$$

其中,Ψ 和 Φ 分别为上下层流体的流函数,φ 和 φ 分别为上、下层流体的扰动振幅,α 为波数,c 为波速。扰动是在空间上增长的,因此,在研究流动稳定性问题时应该使用空间模式。然而,Gaster's 理论谈到空间增长的扰动可以以时间增长模式进行研究。为方便计算,本章采用了时间增长模式,因此,波数 α 为正实数,波速 $c = c_r + ic_i$ 为复数。当 $c_i > 0$ 时,扰动随时间而增长,流动是不稳定的。当 $c_i < 0$ 时,扰动随时间衰减,流动是稳定的。

双电层和边界滑移共同修正的上下分层流系统的 N-S 方程为:

$$
\begin{cases}
\dfrac{d^2 U_1}{dy^2} = \dfrac{1}{m}\left(\dfrac{2G_{21}\psi_s}{\kappa_1^2}\dfrac{d^2\psi_1}{dy^2} - G_1\right) \\
\dfrac{d^2 U_2}{dy^2} = \dfrac{2G_{22}\psi_s}{\kappa_2^2}\dfrac{d^2\psi_2}{dy^2} - G_1
\end{cases}
\tag{2-75}
$$

将式(2-73)中的速度和压强代入无量纲化后的连续方程和 N-S 方程,忽略平均流项、压力项,以及扰动的二次项,得到上下层流体的扰动方程:

$$
m\left(\dfrac{d^4\phi}{dy^4} - 2\alpha^2\dfrac{d^2\phi}{dy^2} + \alpha^4\phi\right) = i\alpha Re\left[(U_1 - c)\left(\dfrac{d^2\phi}{dy^2} - \alpha^2\phi\right) - \dfrac{d^2 U_1}{dy^2}\phi\right]
\tag{2-76}
$$

$$
\dfrac{d^4\varphi}{dy^4} - 2\alpha^2\dfrac{d^2\varphi}{dy^2} + \alpha^4\varphi = i\alpha Re\left[(U_2 - c)\left(\dfrac{d^2\varphi}{dy^2} - \alpha^2\varphi\right) - \dfrac{d^2 U_2}{dy^2}\varphi\right]
\tag{2-77}
$$

上、下壁面处满足边界条件:

$$
\phi(1) = 0, \quad \dfrac{d\phi(1)}{dy} = -\beta_1\dfrac{d^2\phi(1)}{dy^2}
\tag{2-78}
$$

$$
\varphi(-1) = 0, \quad \dfrac{d\varphi(-1)}{dy} = \beta_2\dfrac{d\varphi^2(-1)}{dy^2}
\tag{2-79}
$$

在界面 $y = p$ 处满足速度和压力连续:

$$\frac{d\phi}{dy} + \frac{\phi}{c'}\frac{dU_1}{dy} = \frac{d\varphi}{dy} + \frac{\varphi}{c'}\frac{dU_2}{dy} \qquad (2-80)$$

$$\phi = \varphi \qquad (2-81)$$

$$m\left(\frac{d^2\phi}{dy^2} + \alpha^2\phi\right) = \left(\frac{d^2\varphi}{dy^2} + \alpha^2\varphi\right) \qquad (2-82)$$

$$\mu_1\left(\frac{d^3\phi}{dy^3} - 3\alpha^2\frac{d\phi}{dy}\right) - i\alpha\mathrm{Re}\left(U_1 - c - \frac{\alpha^2 S + F}{U_c}\right)\frac{d\phi}{dy} + i\alpha\mathrm{Re}\frac{dU_1}{dy}\phi$$

$$- \mu_2\left(\frac{d^3\varphi}{dy^3} - 3\alpha^2\frac{d\varphi}{dy}\right) + i\alpha\mathrm{Re}\left(U_2 - c - \frac{\alpha^2 S + F}{U_c}\right)\frac{d\varphi}{dy} - i\alpha\mathrm{Re}\frac{dU_2}{dy}\varphi = 0$$

$$(2-83)$$

式中，$c' = c - U(p)$，$F = \frac{\rho_2 - \rho_1}{\rho_2}\frac{gH}{U_m^2}$，$S = \frac{\sigma}{\rho_2 H U_m^2}$，$U_c = \frac{d(U_2 - U_1)}{dy}$。

2.3.2.2 坐标变换

为使用 Chebyshev 谱方法来求解系统方程，需将物理空间 $y \in [a,b]$ 变换到计算空间 $\eta \in [-1,1]$。上、下层流体空间变换的变换式为：

$$\eta_1 = -1 + 2\frac{y-p}{1-p}, \eta_2 = -1 + 2\frac{y+1}{p+1} \qquad (2-84)$$

将式（2-76）~式（2-83）空间变换后得：

$$\left(\frac{2}{1-p}\right)^4\phi^{iv} - 2\alpha^2\left(\frac{2}{1-p}\right)^2\phi'' + \alpha^4\phi =$$

$$i\alpha \cdot r \cdot m^{-1}\mathrm{Re}\left\{(U_1 - c)\left[\left(\frac{2}{1-p}\right)^2\phi'' - \alpha^2\phi\right] - U_1''\left(\frac{2}{1-p}\right)^2\phi\right\} \quad(2-85)$$

$$\left(\frac{2}{1+p}\right)^4\varphi^{iv} - 2\alpha^2\left(\frac{2}{1+p}\right)^2\varphi'' + \alpha^4\varphi =$$

$$(2-86)$$

$$i\alpha\mathrm{Re}\left\{(U_2 - c)\left[\left(\frac{2}{1+p}\right)^2\varphi'' - \alpha^2\varphi\right] - U_2''\left(\frac{2}{1+p}\right)^2\varphi\right\}$$

$$\phi(1) = 0, \frac{d\phi(1)}{dy} = -\beta_1\left(\frac{2}{1-p}\right)\frac{d^2\phi(1)}{dy^2} \qquad (2-87)$$

$$\varphi(-1) = 0, \frac{d\varphi(-1)}{dy} = \beta_2\left(\frac{2}{1+p}\right)\frac{d^2\varphi(-1)}{dy^2} \qquad (2-88)$$

在液—液界面位置 $\eta_1 = -1$ 和 $\eta_2 = 1$ 处：

$$\left(\frac{2}{1-p}\right)\left(\frac{d\phi}{dy} + \frac{\phi}{c'}\frac{dU_1}{d\eta_1}\right) = \left(\frac{2}{1+p}\right)\left(\frac{d\varphi}{dy} + \frac{\varphi}{c'}\frac{dU_2}{d\eta_2}\right) \qquad (2-89)$$

$$\varphi = \varphi \tag{2-90}$$

$$m\left[\left(\frac{2}{1-p}\right)^2\frac{\mathrm{d}^2\phi}{\mathrm{d}y^2} + \alpha^2\phi\right] = \left(\frac{2}{1+p}\right)^2\frac{\mathrm{d}^2\varphi}{\mathrm{d}y^2} + \alpha^2\varphi \tag{2-91}$$

$$\mu_1\left(\left(\frac{2}{1-p}\right)^3\frac{\mathrm{d}^3\phi}{\mathrm{d}y^3} - 3\alpha^2\left(\frac{2}{1-p}\right)\frac{\mathrm{d}\phi}{\mathrm{d}y}\right) - i\alpha\mathrm{Re}\left(U_1 - c - \frac{\alpha^2 S + F}{U_c}\right)\left(\frac{2}{1-p}\right)\frac{\mathrm{d}\phi}{\mathrm{d}y}$$

$$+ i\alpha\mathrm{Re}\frac{\mathrm{d}U_1}{\mathrm{d}y}\phi - \mu_2\left(\left(\frac{2}{1+p}\right)^3\frac{\mathrm{d}^3\varphi}{\mathrm{d}y^3} - 3\alpha^2\left(\frac{2}{1+p}\right)\frac{\mathrm{d}\varphi}{\mathrm{d}y}\right)$$

$$+ i\alpha\mathrm{Re}\left(U_2 - c - \frac{\alpha^2 S + F}{U_c}\right)\left(\frac{2}{1+p}\right)\frac{\mathrm{d}\varphi}{\mathrm{d}y} - i\alpha\mathrm{Re}\frac{\mathrm{d}U_2}{\mathrm{d}y}\varphi = 0$$

$$\tag{2-92}$$

式中,′表示对变量 η 的求导。式(2-85)~式(2-92)组成的微分系统构成了液—液分层流流动稳定性问题,流动稳定性由特征值 c 决定,而特征值 c 是参数 $a,m,$ r,F,S,β_1,β_2 和 Re 的函数。采用 Chebychev 谱方法求解系统方程,找出使方程的解不为零特征值 c。当特征值虚部 c_i 为正、为零、为负时,系统分别处于非稳态、中性、稳态。

2.3.3　结果与讨论

当微槽道高度大约 100 μm 或者更大时,系统的雷诺数可以达到 10^3 数量级。此时,剪切失稳模式变得非常重要。这是本章研究的出发点。本章针对微槽道内二维液—液分层流进行研究。流道中充满了具有均一介电常数、黏性系数、密度的不可压缩牛顿电解质溶液。上、下壁面处的双电层互不重合。

当本系统退化为单相流系统时,本章所预测的双电层和边界滑移对单相流流动稳定性影响的结果可以被 You 等和 Tardu 的结果很好地验证。当忽略双电层效应 $\zeta_1 = \zeta_2 = 0$ 时,本系统可以退化为 You 和 Zheng 中研究的仅考虑边界滑移的液—液分层流系统,本章所预测的边界滑移对液—液分层流稳定性影响的结果与文献的吻合。

本章针对有机物—系统进行研究,所得结果适用于无限稀释的 1:1 电解质溶液。下层水性电解质溶液的性质为 $n_{20} = 6.022\times10^{20}$ m^{-3}, $\lambda_T = 1.2639\times10^{-7}$ S·m^{-1}, $\varepsilon_2 = 80, Z = 1, \mu = 0.9\times10^{-3}$ kg·m^{-1}·s^{-1},上层油性电解质溶液具有低的离子浓度 $n_{10} = 6.022\times10^{19}$ m^{-3} 和低的介电常数 $\varepsilon_1 = 17.8$。上下层流体组成的系统在压力梯度 $\mathrm{d}P/\mathrm{d}x = 1.5\times10^4$ N·m^{-3} 和温度 $T = 298$K 下通过长度 $l = 0.01$ m 的

硅微槽道。下层流体与 0211-玻璃面接触时的 Zeta 电势为 55 mV,相应的无量纲值为 2.1254。

图 2-44 给出了不同 Zeta 电势 ζ 下滑移长度 β 对临界雷诺数 Rec 的影响。图中设定上、下固—液界面处 Zeta 电势相同,滑移长度相同。当 Zeta 电势较小时,如 $\zeta = 0.5$,临界雷诺数随着边界滑移的增大而增大,边界滑移使分层流稳定性增强变得不易失稳。此时,双电层效应较弱,壁面附近无速度回流。上壁面处 $d\overline{U}(1)/d\overline{y}$ 为负且下壁面处 $d\overline{U}(-1)/d\overline{y}$ 为正,上下壁面处滑移速度 $U_1(1) = -\beta_1 dU_1(1)/dy$ 和 $U_2(-1) = \beta_2 dU_2(-1)/dy$ 均为正。边界滑移推动流动向前发展,增大流动速度,增强流动的稳定性。当 Zeta 电势较大时,如 $\zeta = 2.1254$ 和 $\zeta = 3.891$,临界雷诺数随着边界滑移的增大而减小,边界滑移使分层流稳定性减弱变得容易失稳。由于上层流体介电常数较小 $\varepsilon_1 = 17.8$,上层流的双电层作用远小于下层流的,上壁面附近无速度回流而下壁面附近速度回流显著。此时,下壁面附近速度梯度 $d\overline{U}(-1)/d\overline{y}$ 为负,下壁面处滑移速度 $U_2(-1) = \beta_2 dU_2(-1)/dy$ 为负,下壁面处向后的滑移速度使流动稳定性减弱。下壁面处边界滑移对流动稳定性的减弱作用大于上壁面处边界滑移对流动稳定性的增强作用,从而,边界滑移使流动稳定性减弱。壁面附近的速度回流现象减弱了流动的稳定性。临界雷诺数 Rec 随着 Zeta 电势的增加而减小,Zeta 电势使流动稳定性减小。而边界滑移加剧了双电层对流动稳定性的减弱作用。

图 2-45 给出了不同槽道高度 $2H$ 下,临界雷诺数 Rec 随滑移长度 β 的变化。临界雷诺数随着槽道高度的增大而增大。槽道高度越小,双电层厚度与槽道高

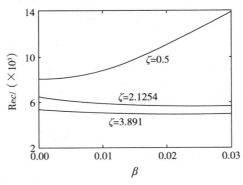

图 2-44 不同 Zeta 电势 ζ 下边界滑移 β 对临界雷诺数 Rec 的影响
$(p = 0.3, \zeta_1 = \zeta_2 = \zeta, \beta_1 = \beta_2 = \beta, m = 2, R = 0.2, 2H = 28.2\ \mu m, S = 0, F = 0, r = 1)$

度的比值越大,双电层效应越明显,电黏滞作用越大,流动越易于提前转捩。这是因为双电层抑制流动的发展,使固—液界面处平均流流速出现拐点。双电层效应越强,发生转捩的雷诺数越小,流动稳定性越弱。这可以为实验研究中发现的转捩雷诺数减小做出解释。当槽道高度较小时,如 $2H = 14.1$ μm 和 $2H = 28.2$ μm,临界雷诺数 Rec 随着边界滑移 β 的增加而减小。此时,上层流的双电层作用远小于下层流的,上壁面附近无回流现象而下壁面附近回流现象显著,边界滑移推动上壁面附近流体向前流动而使下壁面附近流体向后流动,上壁面边界滑移对流动稳定性的增强作用小于下壁面边界滑移对流动稳定性的减弱作用,从而,边界滑移使流动稳定性减弱。当槽道高度 $2H = 40.5$ μm 时,临界雷诺数 Rec 随着边界滑移 β 的增加而缓慢增加。此时,上壁面滑移对流动稳定性的增强作用超过下壁面滑移对流动稳定性的减弱作用,边界滑移使流动稳定性缓慢增强。当槽道高度 $2H = 100$ μm 时,临界雷诺数 Rec 随着边界滑移 β 的增加而快速增加。此时,双电层作用弱,壁面附近速度无回流,边界滑移推动流体向前流动使流动稳定性增强。

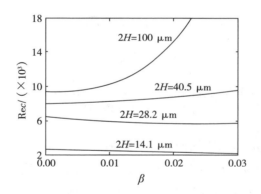

图 2-45　不同槽道高度下边界滑移 β 对临界雷诺数 Rec 的影响
($p = 0.3, m = 2, R = 0.2, \zeta_1 = \zeta_2 = 2.1254, \beta_1 = \beta_2 = \beta, S = 0, F = 0, r = 1$)

图 2-46 给出了不同动力黏性比 m 下,临界雷诺数 Rec 随滑移长度 β 的变化。图 2-46(a)中,Zeta 电势 $\zeta = 0.5$,临界雷诺数随着滑移长度的增加而增加。临界雷诺数随着动力黏性比的增加而增加。动力黏性比越大,临界雷诺数随滑移的增加速度越快。滑移长度越长,改变上下层溶液的动力黏性比对流动稳定性的影响越显著。图 2-46(b)中,Zeta 电势较大, $\zeta = 2.1254$,临界雷诺数随着滑移长度的变化由动力黏性系数比 m 的大小决定。当动力黏性比较小时,如 $m =$

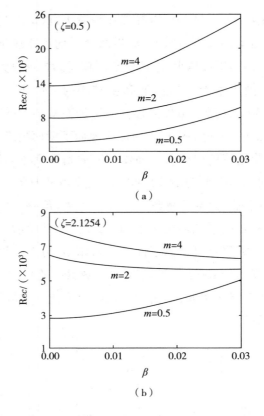

图 2-46　不同黏性系数比 m 下边界滑移 β 对临界雷诺数 Rec 的影响
（$p=0.3,R=0.2,\zeta_1=\zeta_2=\zeta,\beta_1=\beta_2=\beta,2H=28.2\ \mu m,S=0,F=0,r=1$）

0.5,临界雷诺数随滑移的增加而增加。此时,上层流的动力黏性系数较下层流的小,上层流体更容易向前或者向后流动,由边界滑移引起的上壁面处向前的滑移速度较大,边界滑移对流动稳定性的增加作用更强。另外,界面位置 $p=0.3$ 位于槽道的上半部分,界面位置与下壁面的距离较远,下层流的双电层作用较弱,下壁面边界滑移对流动稳定性的减弱作用减小。边界滑移对流动稳定性的增强作用超过对流动稳定性的减弱作用。整体来看,边界滑移使流动稳定性增强。当动力黏性比较大时,如 $m=2$ 和 $m=4$,临界雷诺数随着边界滑移的增加而减小。此时,上层流的黏性系数较下层流的大,向前或者向后的流动阻力较大,上壁面边界滑移引起的上壁面附近向前的滑移速度较小,边界滑移对流动稳定性的增强作用减小。整体上,上壁面边界滑移对流动稳定性的增强作用小于下壁面边界滑移对流动稳定性的减弱作用,边界滑移使流动稳定性减弱,使流动提前转捩且易于失稳。

壁面 Zeta 电势受壁面材料、电解质性质以及温度的影响。在 Mala 和 Li 的实验中,当 KCl 水溶液的浓度从 10^{-4} mol/L 变到 10^{-6} mol/L 时,P 型硅微槽道上的 Zeta 电势从 100 mV 变化到 200 mV,相应的无量纲 Zeta 电势为 3.891 和 7.782。当 KCl 水溶液的浓度为 10^{-6} mol/L 时,0211-玻璃和 P 型硅壁面处的 Zeta 电势分别为 55 mV 和 200 mV,相应的无量纲 Zeta 电势为 2.1254 和 7.782。因此,当壁面材料、溶液种类或者浓度改变时,上下壁面处的 Zeta 电势不相等。图 2-47 给出了上下固—液界面 Zeta 电势 ζ 不同时,临界雷诺数 Rec 随滑移长度的变化。图 2-47(a) 中,上固—液界面 Zeta 电势不变 $\zeta_1 = 2.1254$,下固—液界面 Zeta 电势改变。临界雷诺数随着滑移长度和下壁面 Zeta 电势的增加而减小。滑移长度一定时,临界雷诺数随着上固—液界面 Zeta 电势的增加而减小。图 2-47(b) 中,下固—

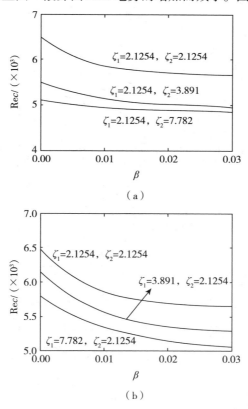

图 2-47　上、下固—液界面 Zeta 电势 ζ 不同时边界滑移 β 对临界雷诺数 Rec 的影响

($p=0.3, \beta_1=\beta_2=\beta, m=2, R=0.2, 2H=28.2\ \mu m, S=0, F=0, r=1$)

液界面 Zeta 电势不变 $\zeta_2 = 2.1254$,上固—液界面 Zeta 电势改变。临界雷诺数随着滑移长度的增加而减小。滑移长度一定时,临界雷诺数随着上固—液界面 Zeta 电势的增加而减小。Zeta 电势越大,双电层效应越明显,固—液界面附近速度拐点对应的流速越小,流动越容易失稳。当 Zeta 电势较大时,如 $\zeta > 2.1254$,固—液界面处 $\mathrm{d}\bar{U}(-1)/\mathrm{d}\bar{y}$ 为负, $\mathrm{d}\bar{U}(1)/\mathrm{d}\bar{y}$ 为正,滑移长度越大,下固—液界面处向后的滑移速度越大,固—液界面附近速度拐点对应的平均流流速越小,流动越容易转捩。

当不同黏度、互不相溶液体以同样的速度平行泵入微反应器时,高黏度液体流速较慢且占据较大比例的槽道,而低黏度液体流速较快占有较少槽道比例且停留时间短。为了合理调节停留时间,界面位置的调节显得尤为重要。图 2-48 给出了界面位置 p 不同时,临界雷诺数 Re_c 随滑移长度的变化。图 2-48(a)中,Zeta 电势 $\zeta = 0.5$,临界雷诺数随着滑移长度的增加而增加。图 2-48(b)中,Zeta

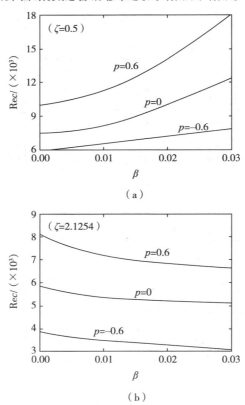

图 2-48　界面位置 p 不同时边界滑移 β 对临界雷诺数 Re_c 的影响
$(R = 0.2, m = 2, \zeta_1 = \zeta_2 = \zeta, \beta_1 = \beta_2 = \beta, 2H = 28.2~\mu m, S = 0, F = 0, r = 1)$

电势 $\zeta = 2.1254$,临界雷诺数随着滑移长度的增加而减小。此时,下壁面处边界滑移对流动稳定性的减弱作用大于上壁面处边界滑移对流动稳定性的增强作用,边界滑移使流动稳定性减弱。滑移长度一定时,临界雷诺数随着界面位置的增大而增加,界面位置越靠近上固—液界面,临界雷诺数越大,流动稳定性越强,越不容易发生转捩。当动力黏性系数比 $m = 2$ 时,在界面从靠近下固—液界面处向靠近上固—液界面处移动的过程中,槽道内平均流流速最大值逐渐增大,利于层流的发展,流动稳定性增强。黏性系数大的流体所占槽道比例越小,越有利于层流的发展,越能增加流动系统的稳定性。界面位置对流动稳定性的增强或者减弱作用不受双电层和边界滑移的影响。

图 2-49 给出了上下层流电导率比 R 不同时,临界雷诺数 Rec 随滑移长度的变化。滑移长度一定时,临界雷诺数随着电导率比的增加而增加,滑移长度越大,改变电导率使临界雷诺数的变化越大。电导率增加时,流动方向上的电流输

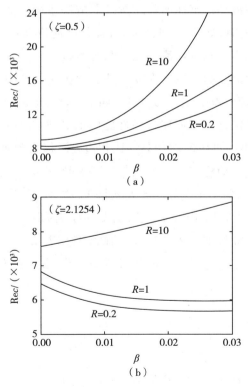

图 2-49　电导率比 R 不同时边界滑移 β 对临界雷诺数 Rec 的影响
$(p = 0.3, m = 2, \beta_1 = \beta_2 = \beta, \zeta_1 = \zeta_2 = 2.1254, H = 28.2 \ \mu m, S = 0, F = 0, r = 1)$

送能力增强,有利于流动向前发展,从而使临界雷诺数增加,流动稳定性增强。图 2-49(a)中,Zeta 电势较小,$\zeta=0.5$,临界雷诺数随着边界滑移的增加而增加。图 2-49(b)中,Zeta 电势较大,$\zeta=2.1254$。当电导率比较小时,如 $R=0.2$ 和 $R=1$,临界雷诺数随着滑移长度的增加而减小,增加滑移长度使流动稳定性减弱;当电导率比较大时,如 $R=10$,临界雷诺数随着滑移长度的增加而增加,增加滑移长度使流动稳定性增强。

2.3.4　小结

本章以固—液界面效应影响下液—液黏性分层流流场的解为前提,采用线性化的小扰动理论,对液—液分层流系统进行了稳定性分析。得出如下结论:

(1)固—液界面效应,如双电层和边界滑移,作用下的液—液黏性分层流的稳定性受固—液界面处 Zeta 电势和滑移长度、动力黏性系数和电导率比的影响。

(2)边界滑移使流动稳定性增强还是减弱取决于固—液界面处 Zeta 电势的取值。Zeta 电势较大时,如 2.1254,增加滑移长度使流动稳定性减弱;Zeta 电势较小时,如 0.5,增加滑移长度使流动稳定性增强。

(3)边界滑移使流动稳定性增强或者减弱取决于固—液界面处 Zeta 电势以及动力黏性比的取值。Zeta 电势较大时,如 2.1254,边界滑移使小黏性比(如 $m=0.5$)时的流动稳定性增强而使大黏性比(如 $m=2$ 和 $m=4$)时的流动稳定性减弱;Zeta 电势较小时,如 0.5,增加黏性比和边界滑移均会使流动稳定性增强。

(4)边界滑移对流动稳定性的影响与电导率比和 Zeta 电势的大小有关。当 Zeta 电势较小时,如 0.5,不论电导率比大还是小,边界滑移均使流动稳定性增强。若 Zeta 电势较大,如 2.1254,电导率比大时(如 10),流动稳定性随着滑移长度的增加而增加;电导率比小时(如 0.2 和 1),流动稳定性随着滑移长度的增加而减小。

(5)界面位置对流动稳定性的增强或者减弱作用不受双电层和边界滑移的影响。

参考文献

[1] DITTRICH P S, HEULE M, RENAUDB P, et al. On-chip extrusion of lipid vesicles and tubes through microsized apertures [J]. Lab on a chip, 2006, 6(4): 488-493.

[2]SIA S K,WHITESIDES G M. Microfluidic devices fabricated in poly(dimethyl-siloxane) for biological studies [J]. Electrophoresis,2003,24(21):3563-3576.

[3]YOU X Y,GUO L X. Combined effects of EDL and boundary slip on mean flow and its stability in microchannels [J]. Comptes Rendus Mécanique,2010,338 (4):181-190.

[4]ZHAO C,YANG C. On the competition between streaming potential effect and hydrodynamic slip effect in pressure-driven microchannel flows [J]. Colloids and Surfaces A:Physicochemical and Engineering Aspects,2011,386(1-3):191-194.

[5]JAMAATI J,NIAZMAND H,RENKSIZBULUT M. Pressure-driven electrokinetic slip - flow in planar microchannels [J]. International Journal of Thermal Sciences,2010,49(7):1165-1174.

[6]JOLY L,YBERT C,TRIZAC E,et al. Hydrodynamics within the Electric Double Layer on Slipping Surfaces [J]. Physical Review Letters,2004,93(25):257805.

[7] TANDON V, KIRBY B J. Zeta potential and electroosmotic mobility in microfluidic devices fabricated from hydrophobic polymers:2. Slip and interfacial water structure [J]. Electrophoresis,2008,29(5):1102-1114.

[8] SOONG C Y, HWANG P W, WANG J C. Analysis of pressure - driven electrokinetic flows in hydrophobic microchannels with slip - dependent Zeta potential [J]. Microfluidics and Nanofluidics,2010,9(2-3):211-223.

[9]JING D,BHUSHAN B. Effect of boundary slip and surface charge on the pressure -driven flow [J]. Journal of colloid and interface science,2013,392:15-26.

[10]MALA G M,LI D Q. Flow characteristics of water through a microchannel between two parallel plates with electrokinetic effects [J]. International Journal of Heat and Fluid Flow,1997,18:489-496.

[11]PAN Y,BHUSHAN B. Role of surface charge on boundary slip in fluid flow [J]. Journal of colloid and interface science,2013,392:117-121.

[12] BAN H, LIN B, SONG Z. Effect of electrical double layer on electric conductivity and pressure drop in a pressure-driven microchannel flow [J]. Biomicro fluidics,2010,4(1):14104.

[13]TARDU S. Interfacial Electrokinetic Effect on the Microchannel Flow Linear

Stability [J]. Journal of Fluids Engineering,2004,126(1):10-13.

[14] SHENOY A, CHAKRABORTY J, CHAKRABORTY S. Influence of streaming potential on pulsatile pressure-gradient driven flow through an annulus [J]. Electrophoresis,2013,34(5):691-699.

[15] POHAR A, LAKNER M, PLAZL I. Parallel flow of immiscible liquids in a microreactor:modeling and experimental study [J]. Microfluidics and Nanofluidics,2012,12(1-4):307-316.

[16] GAO Y, WONG T N, CHAI J C, et al. Numerical simulation of two-fluid electroosmotic flow in microchannels [J]. International Journal of Heat and Mass Transfer,2005,48(25-26):5103-5111.

[17] REN C L,LI D Q. Improved understanding of the effect of electrical double layer on pressure-driven flow in microchannels [J]. Analytica Chimica Acta,2005, 531(1):15-23.

[18] CHARLES M E,LILLELEHT L U. An experimental investigation of stability and interfacial waves in co-current flow of two liquids [J]. Journal of Fluid Mechanics,1965,22(2):217-224.

[19] YIH C S. Instability due to viscosity stratification [J]. Journal of Fluid Mechanics,1967,27(2):337-352.

[20] YU H S, Sparrow. E M. Experiments on two-component stratified flow in a horizontal duct. [J]. Journal of Heat Transfer 1969,51:51-58.

[21] KAO T W, PARK C. Experimental investigations of the stability of channel flows. Part 2 Two-layered co-current flow in a rectangular channel [J]. Journal of Fluid Mechanics,1972,52(3):401-423.

[22] YIANTSIOS S G,HIGGINS B G. Linear stability of plane poiseuille flow of two superposed fluids [J]. Physics of Fluids,1988,31:3225-3238.

[23] HOOPER A P. The stability of two superposed viscous fluids in a channel [J]. Physics of Fluids,1989,1:1133-1142.

[24] KHOMAMI B,SU K C. An experimental theoretical investigation of interfacial instabilities in superposed pressure driven channel flow of Newtonian and well characterized viscoelastic fluids Part I:linear stability and encapsulation effects [J]. Journal of Non-Newtonian Fluid Mechanics,2000,91:59-84.

[25] CAO Q, SARKAR K, PRASAD A K. Direct numerical simulations of two-layer viscosity-stratified flow [J]. International Journal of Multiphase Flow, 2004, 30 (12): 1485-1508.

[26] DREYFUS R, TABELING P, WILLAIME H. Ordered and Disordered Patterns in Two-Phase Flows in Microchannels [J]. Physical Review Letters, 2003, 90 (14): 144505.

[27] XU J H, LI S W, CHEN G G, et al. Formation of monodisperse microbubbles in a microfluidic device [J]. AIChE Journal, 2006, 52(6): 2254-2259.

[28] LOGTENBERG H, LOPEZ-Martinez M J, FERINGA B L, et al. Multiple flow profiles for two-phase flow in single microfluidic channels through site-selective channel coating [J]. Lab on a chip, 2011, 11(12): 2030-2034.

[29] TARDU S. Early transition in microchannels under EDL effect [J]. Spie-Int Society Optical Engineering: Bellingham, 2004, 5345: 238-249.

[30] LAUGA E, COSSU C. A note on the stability of slip channel flows [J]. Physics of Fluids, 2005, 17(8): 088106.

[31] HE A. Interfacial instability of compressible slip flows in a microchannel [J]. Physical Review E, 2013, 87(5): 053006.

[32] TARDU S. The electric double layer effect on the microchannel flow stability and heat transfer [J]. Superlattices and Microstructures, 2004, 35(3-6): 513-529.

[33] YOU X Y, GUO L X. Analysis of edl effects on the flow and flow stability in microchannels [J]. Journal of Hydrodynamics, 2010, 22(5): 725-731.

[34] YOU X Y, ZHANG L D, ZHENG J R. Marangoni instability of immiscible liquid -liquid stratified flow with a planar interface in the presence of interfacial mass transfer [J]. Journal of the Taiwan Institute of Chemical Engineers, 2014, 45 (3): 772-779.

[35] OZEN O, AUBRY N, PAPAGEORGIOU D T, et al. Electrohydrodynamic linear stability of two immiscible fluids in channel flow [J]. Electrochimica Acta, 2006, 51(25): 5316-5323.

[36] YOU X Y, ZHENG J R. Stability of Liquid-Liquid Stratified Microchannel Flow under the Effects of Boundary Slip [J]. International Journal of Chemical Reactor Engineering, 2009, 7: A85.

［37］YOU X Y,ZHANG L D,ZHENG J R. The Stability of Finite Miscible Liquid-Liquid Stratified Microchannel Flow with Boundary Slip ［J］. Journal of Mechanics,2014,30(1):103-111.

［38］HAO P F,ZHANG X W,YAO Z H,et al. Transitional and turbulent flow in a circular microtube ［J］. Experimental Thermal and Fluid Science, 2007, 32 (2):423-431.

［39］PENG X F,PETERSON G P,WANG B X. Heat-transfer characteristics of water flowing through microchannels ［J］. Experimental Heat Transfer,1994,7(4): 265-283.

［40］WANG B X,PENG X F. Experimental investigation on liquid forced-convection heat transfer through microchannels ［J］. International Journal of Heat and Mass Transfer,1994,37,Supplement 1(0):73-82.

第3章　微尺度通道内的热量传递

3.1　在电子器件方面的应用

随着人们对电子器件功率要求的不断提高,如何有效降低高热流密度会对器件造成的损伤成为研究热点。Wei 等基于微纳传热的基本理论,建立了串联型和拓扑型微通道热沉模型。在他们的研究中,采用数值的方法分析了热沉内的流场特性和温度分布,比较了通道结构对温度、压降、努塞尔数和强化传热因子的影响,阐明了微通道强化传热的微观机理。他们的研究发现,在微通道中加入三角形槽可以显著提高综合换热性能。

电热微夹钳是微机电和微操作系统中的重要执行机构,其中的温度场是研究和设计中的核心问题。因电热微夹钳尺寸较小,Lin 等采用微尺度传热机理,结合有限元仿真软件,利用微热成像设备测量微尺度装置的温度场,拟合了微尺度的传热参数。他们的研究结果表明,空气在微尺度上的自然对流换热系数可达宏观上的 60~300 倍,显著影响电热微夹钳的温度分布。

提高微电子元件的功率和可靠性要求散热器具有更大的热传输性能。Ali等研究了在恒定热流密度下,液冷剂通过平行微通道流动的硅散热器的水力和传热性能。发现具有涡流流动和纳米颗粒的微通道散热器具有最低的热阻和接触温度,流动阻力越大,冷却性能越好。在微通道内加入纳米颗粒可为温度有限或温度敏感场所设计更多的高性能散热器。

3.2　在复合材料上的应用

Chai 等针对木材/金属复合材料体系,提出了一个微观传热过程的模型。在他们的研究中,分析了包含浸渍在木材基质中的熔化合金的实验样品的微观结构,依据材料的热物性参数和边界条件,建立了微尺度传热分析模型,该模型与实验结果能很好地吻合。他们的研究为分析木质复合材料中的微尺度传热过程提供了一种方法。

Andres 等利用微观尺度和固体材料数据研究了石毛复合材料在热暴露下的传热机理,他们提出了预测不锈钢或石膏包复层石羊毛层状复合材料在严酷热条件下未暴露侧温度的模型,能够为火灾暴露时提供精确的预测。

Odagiri 和 Nagano 对环路热管毛细管蒸发器内液—汽界面行为特性进行了实验和理论研究。在他们的研究中,相变传热在细多孔介质吸液芯内进行,四个不同的吸液芯分别由四种不同的材料制成,采用显微红外照相机和显微镜评估传热特性。他们发现,传热系数的变化是由多孔介质的液—汽界面行为引起的。

3.3　在热交换器方面的应用

热交换器已被证明是许多工业领域热系统的重要设备。为了提高热交换器的效能,在板式热交换器、双管热交换器、管壳式热交换器和紧凑式热交换器上,微纳米都有应用。

Zi 等通过常规加工将两种宏观几何形状进行同心叠加,形成了一个间隙为 300 μm 的环形微尺度通道。他们在给定的换热面积下,在内筒表面引入正弦波几何剖面,以蒸馏水为冷却剂,工作雷诺数范围 1300~4600,对稳态单相传热进行了实验和数值研究。他们的研究结果表明,高波幅和短波长可以显著增强微通道的换热性能,但压力损失会增加。在泵功率一定时,性能最高的增强型微通道能够比普通环空通道换热性能高出 51%,可用于未来的紧凑式换热器设计,在采用相对经济的制造工艺的同时,显示出增强的微尺度排热能力。

Gustavo 和 Gherhardt 等研究了瞬态功率热点对单个微尺度通道内流动沸腾换热系数的影响。Hua 等实验研究了疏水性材料牵伸的椭圆形微针肋的传热特性。在他们的研究中,通过添加纳米颗粒调节超疏水表面微型针肋涂层的接触角。他们的研究结果表明,相同流量下,随着接触角的增大,底部壁面温度升高。在加热功率为 100 W 时,相同 Re 下,平均对流换热系数随接触角的增大而减小。椭圆形微针肋的 Nu 随 Re 的增大而增大。

Sun 等通过高频测量液膜厚度和温度并进行同步可视化,研究了微通道内液体沸腾过程中的瞬态膜厚及微尺度传热机理。在他们的研究中,微通道由内径为 0.94 mm 的玻璃管组成,由氧化铟锡导电层提供加热。他们发现:沸腾泡状弹状物形成的初始液膜厚度与泰勒定律符合;在液膜厚度演化的过程中,液膜的变薄比单独考虑蒸发效应时的预测要快得多。

Shockner 等在微尺度系统中研究了周期性传热有关的时间和长度尺度。他们的研究结果有助于了解更复杂的物理驱动瞬态现象和设计非稳态加热系统。微通道阵列换热器作为一种相变蒸发器,在微尺度散热领域具有重要意义。其性能在很大程度上取决于流动阻力、毛细力等因素。为了提高散热效率,Xue 等通过数值模拟对微通道流动特性进行了深入研究。在他们的研究中,通过自定义函数 UDF 将毛细管力引入多孔介质模型中,建立了单相和气液两相流动的多孔介质模型。通过实验验证了理论模型的正确性,结果表明,简化的微通道阵列模型大大节省了计算成本和时间。

参考文献

[1] WEI LONG, SONG ZIXUAN, REN TAO, et al. Analysis of Heat Transfer Enhancement in Micro – scale Heat Sink Structure [J]. Journal of Thermal Science and Engineering Applications. 2022,14(1):011006.

[2] LIN LIN, WU HAO, XUE LIWEI, et al. Heat Transfer Scale Effect Analysis and Parameter Measurement of an Electrothermal Microgripper[J]. Micromachines, 2021. 12(3):309-309.

[3] ALI ABDULLAH MASOUD, RONA ALDO, KADHIM HAKIM T, et al. Thermo hydraulic performance of a circular microchannel heat sink using swirl flow and nanofluid[J]. Applied Thermal Engineering,2021,191:116817.

[4] YUAN CHAI, SHANQING LIANG, YONGDONG ZHOU, et al. 3D Microscale Heat Transfer Model of the Thermal Properties of Wood – Metal Functional Composites Based on the Microstructure[J]. Materials,2019,12(17):2709-2709.

[5] B ANDRES, K LIVKISS, A BHARGAVA, et al. Using Micro Scale and Solid Material Data for Modelling Heat Transfer in Stone Wool Composites Under Heat Exposures[J]. Fire Technology,2021. 57:1541-1567.

[6] KIMIHIDE ODAGIRI, HOSEI NAGANO. Characteristics of phase – change heat

transfer in a capillary evaporator based on microscale infrared/visible observation [J]. International Journal of Heat and Mass Transfer,2019,130:938-945.

[7]BAHIRAEI MEHDI,RAHMANI REZA,YAGHOOBI ALI,et al. Recent research contributions concerning use of nanofluids in heat exchangers:A critical review [J]. Applied Thermal Engineering,2018,133:137-159.

[8]ZI HAO FOO, KAI XIAN CHENG, AIK LING GOH, et al. Single-phase convective heat transfer performance of wavy microchannels in macro geometry [J]. Applied Thermal Engineering,2018,141:675-687.

[9] GUSTAVO MATANA AGUIAR, GHERHARDT RIBATSKI. The Effect of Transient Power Hotspots on the Heat Transfer Coefficient during Flow Boiling Inside Single Microscale Channels [J]. Heat Transfer Engineering, 2019, 40 (16):1337-1348.

[10]JUNYE HUA, YUANYUAN DUAN, GUI LI, et al. Experimental study on the flow/ heat transfer performance of micro-scale pin fin coating with super-hydrophobic surface adding Nano particle[J]. Heat and Mass Transfer,2018,54 (7):2145-2152.

[11] YANHONG SUN, CHAOHONG GUO, YUYAN JIANG, et al. Transient film thickness and microscale heat transfer during flow boiling in microchannels[J]. International Journal of Heat and Mass Transfer,2018,116:458-470.

[12]SHOCKNER TOMER,CHOWDHURY TANVIR AHMED,PUTNAM SHAWN A. Ziskind Gennady. Analysis of time-dependent heat transfer with periodic excitation in microscale systems[J]. Applied Thermal Engineering,2021.

[13] XUE YU FAN, GUO, CHUNHENG, et al. Study on Flow Characteristics of Working Medium in Microchannel Simulated by Porous Media Model [J]. Micromachines,2021,12(1):18.

第二篇　果蔬干燥中的热质传递

第4章 果蔬干燥时形成的孔道

干燥过程中,随着水分的去除,果蔬内部会形成孔洞。在干燥过程中或者干燥结束,果蔬物料都属于多孔介质。果蔬多孔介质体积的大小、孔道的尺度、孔道的多少等参数与物料的种类、干燥方法、干燥参数等密切相关。果蔬多孔介质的孔道参数显著影响干燥过程中的热质传递机理,还决定了果蔬干制品的硬度、脆度等感官指标。近年来,涌现出很多关于果蔬干燥过程中形成孔道和描述孔道方法的研究。

4.1 真空干燥时果蔬的孔道

4.1.1 试验材料

辣椒均采购于包头市永辉超市,选用的品种有朝天椒、螺丝椒和牛角椒。选择个体完整、果实饱满、无损伤及无霉变腐败的辣椒。测量孔隙率时所用试剂为正己烷,生产厂家为上海麦克林生化科技有限公司。

4.1.2 仪器与设备

本试验所用到的仪器设备:真空干燥箱,DZF-6090,上海一恒科学仪器有限公司;电子天平,BSM6203,上海卓精电子科技有限公司;电热恒温鼓风干燥箱,DHG-9140A,上海百典仪器设备有限公司。

4.1.3 试验方法

4.1.3.1 试验流程

试验材料处理→预处理(无预处理、漂烫、渗透)→真空干燥→真空包装→数据测定(含水率、干燥速率、孔隙率)

4.1.3.2 干燥工艺

对辣椒进行处理切成长度、宽度一致,大小、重量均匀的样品按顺序放入托盘中,记录每次样品的重量,分别在 60℃、70℃、80℃ 及 -90 kPa、-80 kPa、-70 kPa 对应试验条件下进行干燥,将真空干燥箱调到试验对应温度,随之将辣椒样品放入箱内并调成对应的真空度。实验过程为每隔 1 h 打开干燥箱,将样品放入分析天平上称重,之后再次将辣椒放入箱内,重复以上操作。待辣椒达到所设定的干燥终点(含水率 10% 以下)取出样品进行包装,并对样品进行测定。

4.1.3.3 孔隙率的测定

(1)总孔隙率测定。

样品的孔隙率用比重瓶测定。干燥过程中每隔 30 min 取一次样,将其压碎至 0.15 mm 以下,然后将样品浸泡在装满正己烷的比重瓶内,在 20℃ 条件下保持 30 min。试验一式三份,结果取平均值。孔隙率计算公式如下所示:

$$\rho_s = \frac{m_s \rho}{m_s + m_1 - m_2} \qquad (4-1)$$

$$\varepsilon = \left(1 - \frac{m_s}{V\rho_s}\right) \times 100\% \qquad (4-2)$$

式中,m_s 为试样质量,g;ρ 为 20℃ 的正己烷的密度,g/cm³;m_1 为注满正己烷的比重瓶质量,g;m_2 为装有试样和正己烷的比重瓶质量,g;V 为试样体积,cm³;ρ_s 为试样材料的真密度,g/cm³;ε 为试样孔隙率。

(2)孔隙体积的测定。

怀山药样品的孔隙体积可根据孔隙率计算求出,如式(4-3)所示:

$$v = \varepsilon V \qquad (4-3)$$

式中,ε 为试样孔隙率;V 为试样体积,cm³。

(3)开孔孔隙率的测定。

通过浸渍法测量怀山药的开孔孔隙率,浸渍液为正己烷。样品在 50 mL 烧杯中浸泡 2 h 后,取出饱和样品,擦去样品表面的游离正己烷,用电子天平称重。试验一式三份,结果取平均值。计算公式如下:

$$\varepsilon_0 = \frac{m_2 - m_1}{\rho V} \times 100\% \qquad (4-4)$$

式中,ε_0 为开孔孔隙率;m_1 为试样干量,g;m_2 为试样浸入饱和介质的质量,g;ρ

为浸渍介质密度,g/cm³;V 为样品体积,cm³。

（4）闭孔孔隙率。

根据式(4-5)计算闭孔孔隙率如下:

$$\varepsilon_1 = \varepsilon - \varepsilon_0 \qquad (4-5)$$

4.1.3.4　预处理方法

（1）漂烫加扎孔:将辣椒放置在 90 ℃的热水中漂烫 3 min,擦干表面水分后用牙签对每块样品进行扎孔处理。

（2）渗透:将辣椒放置在浓度为 0.5％的柠檬酸内浸泡 30 min,擦干表面水分。

4.1.4　干燥参数对辣椒孔道特性的影响

4.1.4.1　温度对辣椒孔道特性的影响

研究人员以 3 个品种的辣椒为例进行试验,朝天椒在不同温度下干燥至干燥终点(湿基含水量10％)时的孔隙率由图 4-1 所示。从图 4-1 可以看出,80 ℃时的总孔隙率比其他温度的总孔隙率大,可推断高温容易形成孔隙率。80 ℃时的开放孔隙率最小,封闭孔隙率最大,由此可推断出高温会促使形成更多的封闭孔道、使开放孔道减少。原因可能因为细胞在温度过高或过低时都会闭合导致封闭孔隙率增加。只有在适宜的温度下才会形成开放的孔道。

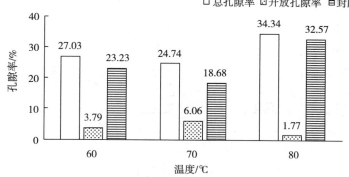

图 4-1　真空度-90 kPa,温度变化时朝天椒的孔隙率

通过图 4-2 可知,牛角椒在 60 ℃、70 ℃时的总孔隙率接近,但开放孔隙率70 ℃的相对较高,适宜的温度可能能增加孔隙的开放程度,可推断适宜温度能够

提高孔隙率,开放孔隙率80℃<60℃<70℃,可推测温度过低过高都不利于孔隙的开放,80℃的封闭孔隙率最小,干燥时间最快,封闭孔隙越大干燥速率越慢,原因可能为细胞在温度过高时已经失活,使其消失了一部分孔隙,导致孔隙率下降,封闭孔隙率下降,干燥速率提升。

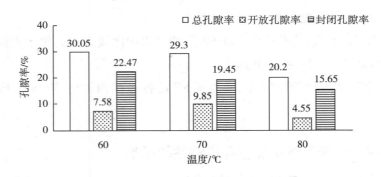

图4-2　牛角椒在不同温度时的总孔隙率

由图4-3可知螺丝椒在70℃时的总孔隙率最大,开放孔隙率最小,封闭孔隙率最大。总孔隙率的趋势与牛角椒测出的趋势一致,但开放孔隙率与上述两种辣椒的结果趋势相仿,原因可能是因辣椒品质不同,干燥过程中或是测孔隙率的试验中会导致结果不同,或是测孔隙率的试验中产生了操作不当等因素导致数据出现偏差。

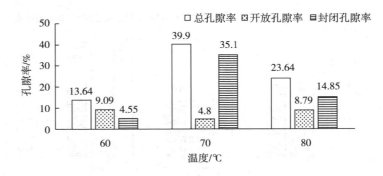

图4-3　螺丝椒在不同温度时的孔隙率

4.1.4.2　真空度对辣椒孔道特性的影响

通过图4-4所示可知,在-70 kPa时朝天椒的总孔隙率最大,开放孔隙率最小,封闭孔隙率也最大,可猜测真空强度越低时,孔隙越大,细胞没有受到压强的压迫,孔道开放保持正常,真空强度越高,细胞可能失活,导致总孔隙率降低。真空强度越高,开放孔隙率越大。

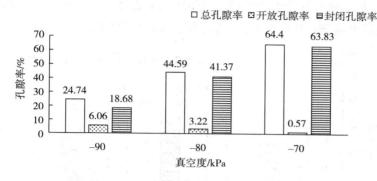

图 4-4　温度 70℃,真空度变化时朝天椒的孔隙率

辣椒在干燥后的品质与孔道特性有关,孔道特性还能影响干燥过程中的传热传质和最后的感官,根本原因在于孔隙率的影响,孔隙率参数见图 4-5 所示。图中能知辣椒干燥达到干燥终点后螺丝椒的总孔隙率比其他两种辣椒大,开放孔隙率比其他两种辣椒小,封闭孔隙率比其他辣椒大。螺丝椒在干燥过程中的干燥速率比其他两种辣椒快,可能原因是总孔隙率大,细胞与外界的有效联系更多,更有利于样品的干燥。牛角椒的开放孔隙率是最大的,在干燥过程中干燥速率一直是增加的,可推测开放孔隙率越大,在干燥过程中越能让干燥速率维持增加的趋势。朝天椒因总孔隙率最小,干燥速率慢,干燥时间长。

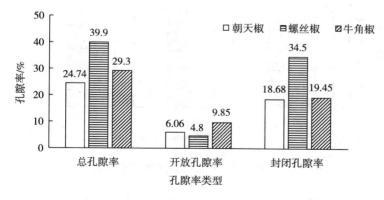

图 4-5　温度 70℃、真空度-90 kPa 不同辣椒的孔隙率

由图4-6可知牛角椒在-70 kPa时的总孔隙率最大,-90 kPa时的开放孔隙率最大,与朝天椒测得数据结果趋势一致,原因同朝天椒,两种存在着细微差别,可能在于辣椒品质对其产生的影响。封闭孔隙率也是为真空强度低时封闭孔隙率高,可能原因在于总孔隙率较高,从而有较高的封闭孔隙率。

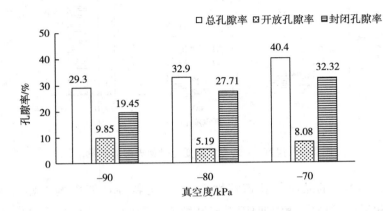

图4-6　温度70℃、真空度变化时牛角椒的孔隙率

由图4-7可知螺丝椒真空强度越低总孔隙率越大,与上述两种辣椒孔隙结果趋势一致,但开放孔隙率随着真空强度的降低而增加,与上述两种辣椒开放孔隙率趋势相反,可能原因有辣椒品质不同,结果不同,或是实验过程中产生了不可抗因素使结果呈现出相反的趋势。

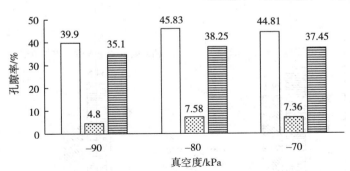

图4-7　温度70℃、真空度变化时螺丝椒的孔隙率

4.1.4.3 预处理对辣椒孔道特性的影响

螺丝椒不同预处理方式下的所有达到干燥终点后的孔隙率如图4-8所示,

漂烫预处理样品的总孔隙率最大,渗透预处理的总孔隙率最小。经过漂烫预处理、渗透预处理后,开放孔隙率都会比未预处理时有所增加,上述结果呈现出辣椒在经过预处理后可增加开放孔隙的孔隙率,渗透预处理更能增加开放孔隙的比例。

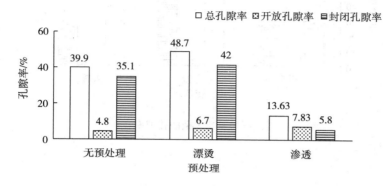

图 4-8　螺丝椒的孔隙率

牛角椒在不同预处理方式下达到干燥终点后孔隙率如图 4-9 所示,在经过漂烫预处理、渗透预处理后总孔隙率均有提高,但是开放孔隙率都呈下降趋势,与螺丝椒所呈趋势相反。可能与辣椒品质有关。经过预处理后的封闭孔隙率都有显著增加。

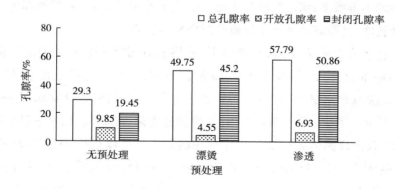

图 4-9　牛角椒的孔隙率

朝天椒在不同预处理方式下达到干燥终点后孔隙率如图 4-10 所示,总孔隙率在经过漂烫预处理、渗透预处理后均有提高,开放孔隙率呈下降现象,与牛角椒呈现的趋势一致。漂烫预处理的封闭孔隙率最大,猜测原因有高温对孔隙有一定的破坏作用。

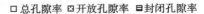

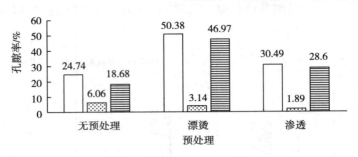

图4-10　朝天椒的孔隙率

4.2　微波真空冷冻干燥时果蔬的孔道

Duan等人采用4.1部分测定孔隙率的方法,以怀山药为实验对象,测定了微波真空冷冻干燥过程中孔隙的变化。他们发现,切片厚度和微波功率密度均对怀山药孔道有显著影响;不同厚度样品的总孔隙率呈现上升趋势,但在干燥过程的早期有轻微下降趋势;样品内的多孔结构并不是无限增多的,而是增加到一定临界值后就不再增多;切片厚度为4 mm时,开孔率最小,较厚或较薄都可能导致较高的开孔率;高微波功率密度导致孔隙率相对较高。

本书作者在分辨率5 μm的条件下,采用μCT技术扫描怀山药的鲜样和干样。样品制备为长、宽、高均为1.2 cm的正方体,干样采用微波真空冷冻干燥方法制得,湿基含水量为9.5%。鲜样和干样的μCT扫描图分别如图4-11和图4-12所示。图中,黑色部分为孔,其他部分为果肉部分。结果表明,鲜样中的孔很少,只占样品体积的2%,而干样中的孔占样品体积达71%;鲜样中的孔径很小,最大孔径为35μm,而干样中孔径小于35μm的孔只占所有孔道的6%。在干样中,孔径分布范围较广,尺寸范围为5~645 μm。绝大部分孔道尺寸在15~265 μm之间。尺寸范围在15~265 μm之间的孔道占总孔道的87%。

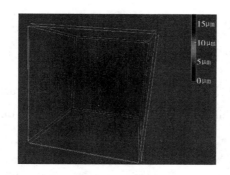

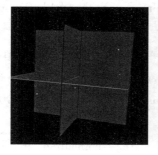
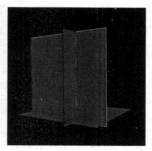

图 4-11　新鲜怀山药的 μCT 扫描图

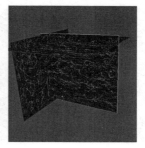

图 4-12　微波真空冷冻干燥怀山药的 μCT 扫描图

参考文献

[1] DUAN L L, DUAN X, REN G Y. Evolution of pore structure during microwave freeze-drying of Chinese yam[J]. Int J Agric & Biol Eng, 2018; 11(5): 208-212.

[2] DUAN L L, DUAN X, REN G Y. Structural characteristics and texture during the microwave freeze drying process of Chinese yam chips[J]. Drying Technology, 2020, 38(7): pp. 928-939.

[3] MOHAMMAD U H, JOARDDER CHANDAN KUMAR, RICHARD J, et al. A micro-level investigation of the solid displacement method for porosity determination of dried food[J]. Journal of Food Engineering, 2015, 166: 156-164.

[4] THIBAULT B, RATTI C, KHALLOUFI. The "normalized air content": A novel and reliable concept to assess pore formation during dehydration[J]. Journal of Food Engineering, 2021, 311: 110733.

第5章 宏观尺度下的果蔬热质传递

我国种植果蔬的历史悠久，是世界上最大的果蔬生产加工国之一，果蔬产业是仅次于粮食产业的第二大农业支柱产业。有关数据显示，2013年，我国水果种植面积为1180万公顷，总产量约为2.28亿吨；蔬菜种植面积为1967万公顷，总产量为6.79亿吨。2020年，我国农产品加工转化率达到68%，而水果和蔬菜分别只有23%和13%，远远低于平均水平。干燥脱水是应用最普遍的果蔬深加工技术之一，果蔬干制品无论是作为食品配料（方便或快餐食品中的干制蔬菜包、果蔬粉等）还是直接食用的产品（各类果蔬脆片），其市场需求量均供不应求。我国脱水果蔬出口总量约占世界总量的2/3，是世界上最大的果蔬干制品出口国之一。发展节能提质果蔬干制已纳入全国农产品加工业与农村一二三产业融合发展规划（2016—2020年）。

果蔬经过干燥，可以降低水分含量、延长保质期。干燥是最为广泛使用的一种果蔬保藏方式。干燥过程涉及热量提供、热量传递、水的相变、水分传输等一系列物理过程，能耗较大。热量提供方式有热风、红外、射频、微波等形式，热量传递有由内而外和由外而内等方式，水的相变有液态—气态和固态—气态，水分传输涉及由内部向表面输送和由表面向空气输送等过程。若能明晰干燥过程中的热质传递机理，建立准确的干燥模型，则可有效设计干燥设备、控制干燥过程、降低干燥成本、对工业升级具有重要意义。近年来，果蔬干燥过程中的热质传递现象越来越成为研究热点。

Zhu等以香菇为例，考虑收缩，建立了食品对流干燥的热—水—机械双向耦合多相多孔介质模型。在他们的研究中，与只考虑热—水耦合模型进行了对比，发现收缩—热—水耦合模型在含水率下降速度以及温度等指标上，与实验结果吻合得更好。他们建立的收缩—热—水耦合模型能较准确地模拟食品对流干燥过程，有助于深入理解对流干燥机理。在工程实践中，该模型可为优化干燥工艺、提高产品质量提供技术支持。

Jha 等建立了模拟水稻太阳干燥过程中的水分和温度分布的模型。他们的研究在室内设计的光伏集成混合太阳能干燥机中进行。利用 COMSOL 多物理平台进行仿真研究,成功地建立了稻谷散装装载的三维模型,并考虑了稻谷的壳层、麸皮层和胚乳层,所建立的模型可用于监测干燥参数,以标准化混合太阳能干燥过程。Teleken 等建立了一种描述真空微波加热下多孔介质干燥过程的数学模型。该模型考虑了物料的多孔介质结构和干燥过程中的多相流情况,并在其中耦合了描述水分相变方程,采用有限元方法进行数值求解。他们的研究结果表明:在微波真空干燥饱和多孔介质时,水分主要以液态的形式被去除;蒸发速率常数是微波真空干燥过程中的关键参数,可利用 Lambert 定律描述干燥动力学。

当在填料床干燥器内干燥玉米粒时,流体与玉米粒之间发生传热传质。Kraiem 等考虑了床层收缩和干燥过程中物性的变化,建立了两相模型。通过沿干燥床含水率和温度的测定对模型进行验证,发现实验值与模型的标准误差接近 5%,在可接受的工程精度之内。研究结果表明:将床层收缩和物性变化纳入操作模型,能够更加准确地描述玉米粒等多孔介质干燥过程中的传热传质现象。Upadhyay 等以香蕉、芒果和木薯为例建立了食品干燥过程中热质传递的数值模型。他们发现该模型比扩散模型与实验值拟合得更好,在完全干燥的条件下,球形食品所需的干燥时间最短,平板食品所需干燥时间最长,柱状食品介于两者之间。

Sinha 等考虑材料由于水分流失而产生的收缩,针对低温空气干燥过程,建立了能预测各时间段温度、含水率和收缩率的物理传输模型。在他们建立的模型中,体积收缩主要由水分损失控制,采用人工神经网络模型估计给定食品材料的固体密度、初始孔隙度和初始水饱和度等属性。他们的研究结果表明,他们所建立的模型可以预测实时干燥的温度和湿度,精度在 5% 以内,他们提出的方法对工业干燥过程的优化具有重要意义。

脉冲电场的加入影响果蔬干燥过程,Shorstkii 等建立了脉冲电场预处理植物组织在干燥过程中的数学模型。该模型可用于预测马铃薯、洋葱和胡萝卜组织的干燥行为,可作为预测脉冲电场预处理后各类农产品干燥行为的数学工具。Onwude 等利用 Matlab 软件进行仿真,建立了一种考虑液态水、气体和固体基质的多相多孔介质模型,用于描述红薯片的红外—热风干燥的物理过程。他们的研究结果表明,样品表面和两侧的水汽输送是毛细管扩散、二元扩散和气体压力耦合作用的结果,该多相模型的优点是可以快速定量地描述相位变化及其对运行参数的影响。

Hou 等考虑电磁加热、传热传质以及在低压下伴随相变的蒸发和收缩,利用 COMSOL Multiphysics 软件,建立了猕猴桃切片射频—真空联合干燥的三维多相多孔物理模型。结果表明,在温度、含水率和干燥速率等参数上,模拟值与实验值吻合较好。他们还研究了射频—真空联合干燥过程中样品厚度、电极间隙和真空压力对温度和含水率变化的影响,发现容器角落和边缘处的样品温度高于容器中心处的,单个猕猴桃切片中心温度最低,含水率的分布与温度的分布相反,蒸发速率常数对样品含水量更为敏感。他们的研究结果可为进一步了解射频真空干燥工艺及优化干燥工艺参数提供参考。

Demir 等考虑干燥过程中的几何变形,模拟了洋葱真空干燥过程中传热传质现象。结果表明,变形的几何形状比未变形的几何形状更符合实验结果。与常规的数值模拟相比,三维模拟的结果可以更好地预测干燥过程的时间和能量需求,可以为干洋葱制造商提供服务。

5.1　真空冷冻干燥的热质传递

真空冷冻干燥主要是使食品中的水分在低温下凝固,再利用升华除去水分,从而极大限度地保留新鲜食品固有的色、香、味以及维生素等营养物质,是目前干燥品质最高的干燥方法。

在冷冻干燥处理中,针对固态冰直接升华而脱水的研究,最初的报道多集中于分析表面冰晶结构。如 King 和 Sandall 提出的冰界面均匀退却模型,考虑了二维的热质传递,但只考虑了自由水的脱除,而忽略了结合水的去除。Sheng 和 Peck 提出了吸附—升华冻干模型,对冰的升华和水的吸附分别加以描述,考虑了水蒸气逸出时温升的影响,预测精度大大高于冰界面均匀退却模型,但此模型假设了表面积恒定、干燥过程由传热过程控制以及结合水是在所有自由水升华后才汽化等条件,与实际情况差距较大。Liapis 和 Litchield 提出了解吸—升华模型,排除了 Sheng 与 Peck 模型的假设条件,在应用范围上有所扩展。2012 年,Zhang 和 Liu 注意到真空冷冻干燥室内不同位置物料的干燥速度不同,这个现象可以用干燥过程中干燥室内蒸汽压力不同来解释。他们的研究假设干燥室内的流动是一维稳态层流,两个物料平板间的流速用 Poiseuille 泊肃叶定律描述,蒸汽压力和密度符合理想气体方程,得出了真空冷冻干燥室内气体分布对干燥速度的影响结果。

Ghajar 和 Hashemabadi 研究了多孔聚合物水凝胶冷冻干燥过程中水蒸气的分布。他们采用升华—冷凝模型分析冷冻干燥过程中的相变,利用扫描电镜(scanning electron microscopy,SEM)研究凝胶的横向结构,用理想的几何模型描述相互连通的孔隙结构。他们探索了不同参数(包括温度、压力、孔径、液相体积比和多孔性)对冷凝和干燥速率的影响。结果显示,多孔材料中的水蒸气迁移由毛细力和入侵渗流模型决定。

Nakagaw 和 Ochiai 建立了一个三维模型以预测冷冻干燥升华过程的动力学。他们建立的模型由经典的传热传质方程组成,假设以升华界面处于准稳态能量平衡状态进行求解,加热方式为辐射加热。当升华是多维的,产品的表面外部、产品的表面底部和升华界面随着干燥程度的变化而变化。他们采用空心球模型计算了干燥层和冻结层的平均厚度。Alexander 等采用分布式升华前沿建立了描述低压冷冻干燥的模型。

5.2　常压冻干燥下的热质传递

常压冷冻干燥在一种常压下将物料内水分通过冰升华为水蒸气的形式移除的干燥方法。本书作者研究了多孔介质常压冻干的热质传递机理。

多孔介质的热质传递过程非常复杂,是一种传输现象,其传输过程通常要涉及流体动力学、渗流力学、热力学、传质传热学等基础学科知识,研究多孔物料传输过程旨在揭示其孔隙内部流体流动的传递机制和基本规律。根据该过程中动量、质量和能量与传递的分类不同,又可分为流体动力过程、对流换热和传质过程、热传导和质量扩散过程、相变换热和传质过程、多相流动和换热过程、热辐射换热及其他耦合质热传递模式的组合等。一般在无化学反应的情况下,多孔湿物料的热质传递驱动力主要是由温度梯度、浓度梯度和压力梯度主导。

以苹果片作为含湿冷冻多孔物料的研究对象,通过对物料在常压冷冻干燥仓内质热耦合传递过程进行理论分析,建立描述传递过程的数学模型,采用ANSYS16.0对其建立物理模型,迭代求解不同风速和温度下冷冻物料内部水分比及中心温度随时间的变化,从而为食品类多孔介质的干燥提供理论依据。

（1）物理模型。

图 5-1（a）为 AFD 工作原理示意图。空气经压缩机 1 由低压气体转变为高压气体；在空气过滤器 2 的作用下将压缩空气与制冷剂进行热交换，将空气中大部分水蒸气冷凝除去，根据变压吸附原理，利用吸附剂除去剩余的水蒸气和其他杂质，从而得到纯净绝干的空气；干空气进入恒温水槽 3，在搅拌器的推动下，干空气经蒸发器和加热器热交换后达到适合的温度保证空气温度均匀，以减少进入涡流管时空气温度的波动；高压空气进入涡流管 5 的喷嘴，高速沿切线方向形

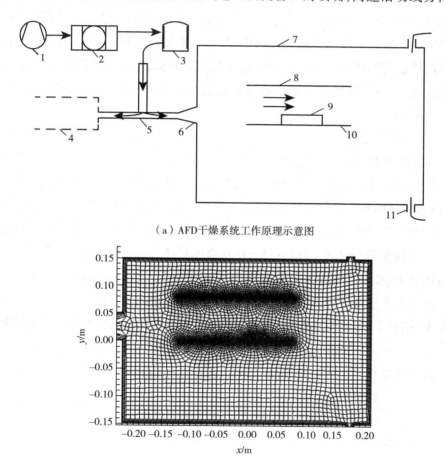

（a）AFD 干燥系统工作原理示意图

（b）计算域网格划分

图 5-1　AFD 干燥系统和计算域网格划分

1—压缩机；2—空气过滤器；3—恒温水槽；4—热气流出口；5—涡流管；
6—冷气流入口；7—干燥仓；8—辐射板；9—物料；10—导热盘；11—气流出口

成自由涡流,使角速度产生分层,中心部分气流角速度最大,其在向外层角速度较低的气流传递能量的同时失去能量,动能、速度和温度随之降低,从而将气体分离成两股气流,一股为冷气流,另一股为热气流,冷气流从入口 6 进入干燥仓7;从出口 4 流出的热气流可以用作其他用途;物料 9 在冷气流对流传热、远红外卤素辐射板 8 加热以及铝制导热盘 10 导热的作用下进行质热传递;干燥仓内气流和物料内部蒸发的水蒸气从干燥仓的出口 11 流出。

干燥仓尺寸(长×宽×高)为 0.44 m×0.3 m×0.3 m,苹果片尺寸(长×宽×高)为 0.03 m×0.01 m×0.01 m 并置于干燥仓中心位置,物料能够充分暴露于冷空气和热辐射环境中。采用 ANSYS ICEM CFD 建立二维几何模型,运用非结构化四面体网格进行网格划分,在辐射板、导热盘和物料周围采用加密处理,以适应分析的精细度,整个计算域共划分网格节点数 25655 个,网格单元 25709 个,如图5-1(b)所示。

(2)数学模型。

基于连续性方程、动量守恒方程和能量守恒方程,建立二维非稳态流场和多孔介质区域的控制方程。为便于计算,作如下假设:仓体壁面绝热且仓体密封性良好;仓内气体视为牛顿流体,物料视为多孔介质;物料的热物性是稳定的,不随温度的变化而变化;不考虑物料干燥过程中物料的收缩和变形;物料内部初始水分含量和温度是均匀的;忽略物料内部孔道的具体分布;气相和液相均为不可压缩流体且为连续相,相间发生质量、动量和热量传递,且流动为层流。

采用基于有限体积法的 ANSYS16.0 软件进行计算,其控制方程在 N-S 方程基础上,结合 VOF 多相流模型和 Realizable k-ε 输运模型进行求解。流场控制方程如下:

连续性方程:

$$\frac{\partial \rho}{\partial t} + \nabla \cdot (\rho u) \tag{5-1}$$

动量守恒方程:

$$\frac{\partial}{\partial t}(\rho u) + \nabla \cdot (\rho u u) = -\nabla p + \nabla \cdot [\mu(\nabla u + \nabla u^T)] + \rho g + F \tag{5-2}$$

能量守恒方程:

$$\frac{\partial}{\partial t}(\rho E) + \nabla \cdot [u(\rho E + \rho)] = \nabla(k_{eff} \nabla T) + S_h \tag{5-3}$$

蒸汽相连续性方程：

$$\frac{\partial \alpha_v}{\partial t} + \nabla \cdot (\alpha_v + u_v) = \frac{1}{\rho_v}(m^- - m^+) \qquad (5-4)$$

气相连续相方程：

$$\frac{\partial \alpha_g}{\partial t} + \nabla \cdot (\alpha_g + u_g) = 0 \qquad (5-5)$$

其中，气、汽、液体积分数所占比例应满足 $\alpha_l + \alpha_v + \alpha_g = 1$。

其物性方程为：

$$\rho = \alpha_l \rho_l + \alpha_v \rho_v + \alpha_g \rho_g \qquad (5-6)$$

式中，ρ 为流体混合物密度；t 为干燥时间；u 为流速；p 为压力；μ 为动力黏度；g 和 F 分别为重力和其他阻力；E 为总能量；k_{eff} 为有效热导率；T 为温度；S_h 为包括所有体积热源的源项；α_l 为液体体积分数；α_v 为汽体体积分数；α_g 为气体体积分数；ρ_l 为液体密度；ρ_v 为汽体密度；ρ_g 为气体密度；m^- 为相变中减少的质量；m^+ 为相变中增加的质量。

试验物料为苹果片，引入多孔介质模型。多孔介质作为流场中的一个动量源项。源项主要包括两部分：黏性损失项和惯性损失项。该项能够影响多孔介质区域的压力梯度。对简单的各项同性多孔介质情况：

动量源项方程：

$$S_i = -\left(\frac{\mu}{\alpha} u_i + C_2 \frac{1}{2} \rho \mid u \mid u_i \right) \qquad (5-7)$$

式中，α 为多孔介质的渗透性；C_2 为惯性阻力因子；u 为速度大小；u_i 为垂直于多孔介质表面的速度分量。

能量控制方程：

$$\frac{\partial}{\partial t}\left[\gamma \rho_f E_f + (1 - \gamma)\rho_s E_s \right] + \nabla \cdot \left[u(\rho_f E_f + p) \right] \qquad (5-8)$$

$$= \nabla \cdot \left(k_{eff} \nabla T - \sum_j h_j J_i + \overline{\overline{\tau}} u \right) + S_f^h$$

$$E = h - \frac{p}{\rho} + \frac{u_i^2}{2} \qquad (5-9)$$

式中，γ 为多孔介质的孔隙率；f 为流体，包括汽体和气体；s 为多孔介质的骨架。

初始条件和边界条件如表 5-1 所示，设定参数所需要参考不同风速下的湍流参数如表 5-2 所示。

表 5-1　初始条件和边界条件

初始条件	物料初始温度 253.15 K;含水率 84%空气温度 263.15K;$t = 0, u = 0$
入口边界	空气温度 263.15 K;干空气速度 1.5 m/s、2.5 m/s、3.5 m/s; 气流密度 1.342 kg/m³;动力黏度 1.65×10⁻⁵ Pa.s; 导热率 λ =220 W/(m·K)
出口边界	压力出口;表压为 0
壁面边界	固定壁面无滑移边界条件;绝热边界条件
辐射板边界	温度 283.15 K、288.15 K、293.15 K;辐射强度 4 W/cm²
导热盘边界	铝;壁面无滑移边界条件,耦合传热
多孔介质边界	苹果片孔隙率 ε =0.7;ρ =1600 kg/m³;C_P =1810 J/(kg·K);λ =0.78 W/(m·K); 渗透率 1/α =583090;惯性阻力 C_2 =204.08; 冻结潜热 =291 kJ/kg;多孔介质物料与气流界面为自由界面, 自由界面与计算域的初始条件为一个整体

表 5-2　不同风速下湍流参数

速度/(m·s⁻¹)	湍流强度 I/%	湍动能/K	耗散率 e	Re 雷诺数
1.5	0.0626478	0.0132460	0.0167001	1810.1376
2.5	0.0587726	0.0323833	0.0638369	3016.894
3.5	0.0569519	0.1544039	0.1544039	4223.652

(3)模拟结果。

根据 ANSYS 软件对所研究的对象建立物理和几何模型,设定所需的初始和边界条件,进行数值模拟,得出入口风速和辐射温度对物料质热传递的影响曲线,以及较优模拟参数条件下多孔介质在干燥过程中干区的迁移等值线。

a. 入口风速对物料热质传递的影响。

在入口干空气温度为 263.15 K、辐射板温度为 283.15 K、辐射强度为 4 W/cm² 的条件下,入口空气风速不同(分别为 1.5 m/s、2.5 m/s、3.5 m/s)时,物料内部水分含量变化和物料中心温度的变化趋势如图 5-2 所示。

图 5-2(a)为不同风速下物料内部水分和水蒸气含量的变化。线型表示物料内部水分含量变化,"线型+符号"表示水蒸气生成量,它们的斜率分别表示物料内部水分含量变化速率和水蒸气生成速率。在干燥开始的 30 min 内,3 个风

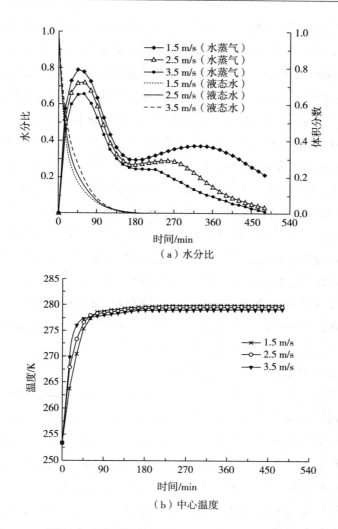

（a）水分比

（b）中心温度

图 5-2　不同入口风速下物料内部水分比和中心温度随时间变化曲线

速下物料内部水分均急剧下降且呈线性趋势,下降速率差别较小;3 个风速下水蒸气生成量迅速增加,水蒸气生成速率随着风速的增大而减小。随着干燥过程的进行,当干燥时间大于 30 min 时,水蒸气生成量先增加后减少,最大值与风速相关但都小于 1,这是因为水分升华过程中,物料表面的水蒸气在压力差的作用下先扩散至干燥仓中被气流带走,水蒸气达到峰值时,物料内的水分大部分已蒸发为水蒸气。3 个风速下水蒸气的体积分数几乎都在干燥 60 min 时达到峰值,其峰值随着风速的增大而减小,且减小量相等,这是因为在相同温度下,增大介质风速,能够降低水蒸气浓度,增强由表面向外部对流扩散的驱动力。当干燥时间达到 170 min 时,水蒸气体积分数下降至 0.3 左右,物料含水率则无限接近于 0。干燥时间达到 220 min 后,水蒸气生成量先增加后减少,增加的量较少。这是由于在干燥过程中,较少的水蒸气可能还未获得足够的能量向外扩散或者未被气流带走就已经冷凝,而此时气流场比较稳定,在风速较小的情况下,物料受辐射温度影响较大,通过吸收能量而再次蒸发。当水分比达到 0.1 时干燥结束。因此,从图 5-2(a)中还可以看出,增大入口风速整体上可以缩短干燥时间。

图 5-2(b)为不同风速下物料中心温度的变化趋势。在干燥初始阶段,干燥时间小于 60 min 时,物料中心温度由 253.15 K 迅速升至 278 K 左右。这与水的导热系数远大于干空气的导热系数以及此时气流场处于较强烈的非稳定状态有关。当干燥时间大于 60 min 时,物料中心温度随着风速的增大而减小,且减小量较少。这是因为风速的大小直接影响水蒸气的扩散,风速越大,干空气的动量越大,越易带走物料上部的热量并推动其向干燥仓右侧移动,能被物料吸收的热量变少。不同风速下的物料中心温度在干燥 60 min 时基本趋于稳定,这与水蒸气含量在此时达到峰值并开始下降有关。

b. 辐射温度对物料热质传递的影响。

在入口干空气温度为 263.15 K、空气风速为 2.5 m/s、辐射强度为 4 W/cm² 的条件下,辐射温度不同(分别为 283.15 K、288.15 K、293.15 K)时,物料内部水分含量变化及中心温度的变化如图 5-3 所示。图 5-3(a)为不同辐射温度下物料内部水分和水蒸气含量变化。在物料干燥开始的 30 min 内,3 个温度下水分含量下降速率和水蒸气生成速率基本相同。随着干燥过程进行,水分含量下降速率和水蒸气生成速率逐步减小,辐射温度为 288.15 K 和 293.15 K 时水分下降速率差别不大。当干燥时间达到 60 min 时,水蒸气体积分数最大且这个最大值随着温度的升高而增加。主要是因为在入口空气风速不变的情况下,提高温度有利于加快水分蒸发速率;其次,温度升高,物料上部空气分子运动剧烈程度增加,使周围的空气密度相对减小,风速最大值分布与干燥物料的距离缩短,且在 288.15 K 和 293.15 K 下物料迎风面(左侧)处会发生小范围的回流,使物料迎风面处的水蒸气扩散速率逐步减小,物料内部干区面积随之减小,水蒸气能够得到短暂的保留。当干燥时间大于 60 min 时,3 个温度下的水蒸气体积分数迅速下降,在 170~260 min 之间有较小的上升幅度,此时物料内部水分已无限接近于 0。这可能与冷凝的水蒸气重新生成有关,干燥后期,物料受辐射温度的影响较大,

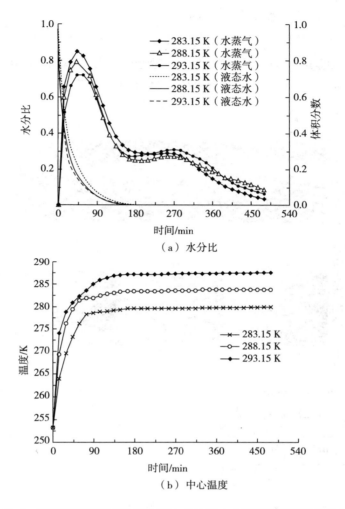

（a）水分比

（b）中心温度

图 5-3　不同辐射温度下物料内部水分比和中心温度随时间变化曲线

少量的冷凝水生成水蒸气,该解释如图 5-3(a)所示。由图 5-3(a)还可以看出,辐射温度为 283.15 K 时,水蒸气下降速率较快,主要因为辐射温度与气流温度相差越大,冷凝情况越容易发生。

图 5-3(b)为不同辐射温度下物料中心温度的变化趋势。当干燥时间小于 90 min 时,物料中心温度随着干燥的进行迅速上升,即物料中心温度由初始温度 253.15 K 上升至最大值,该最大值与辐射温度有关,随着辐射温度的升高而增加。这与温度升高,热传递系数增加,物料内能增加,中心温度随之增加有关。随着干燥过程的进行,物料中心温度基本保持恒定,呈现等差增长趋势。

c. 流场和多孔介质区中物理量的变化。

当入口干空气温度263.15 K,风速2.5 m/s,辐射板温度283.15 K,辐射强度 4 W/cm² 时,模拟得到不同干燥时间下干燥仓内速度场、温度场和压力场迁移等值线图,以及多孔介质区干区迁移等值线图,如图5-4所示。

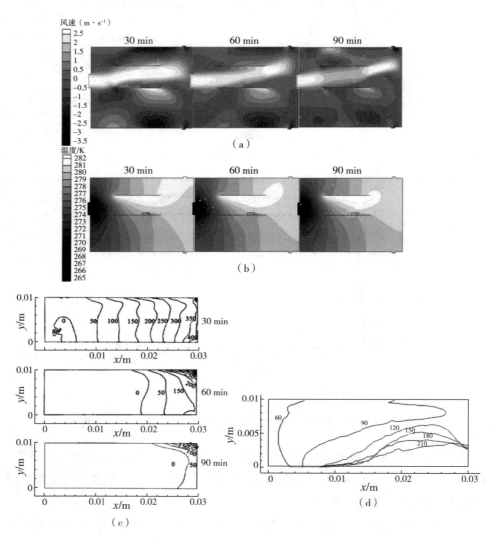

图5-4　不同干燥时间下的等值线图和多孔介质内部干区界面的迁移等值线图
(a)风速云图;(b)温度云图;(c)压力等值线;(d)干区界面迁移等值线

图 5-4(a)为干燥时间 30 min、60 min 和 90 min 下干燥仓内速度场分布云图。在干燥过程中,风速和温度之间相互影响。随着干燥时间的增加,在物料上部及辐射板下部区域,速度最大值的分布由区域偏中心位置向两侧移动,中心区域的速度梯度逐渐减小。图 5-4(b)为 3 个干燥时间下干燥仓内温度场分布云图。与图 5-4(a)中所指区域相对应,随着干燥过程的进行,温度最大值的分布与干燥物料间的距离缩短,且在 281~282K 温度范围内距离缩短得更加显著。图 5-4(c)为 3 个干燥时间下多孔介质内部压力场分布等值线图。风速和温度共同影响着多孔介质区内部压力的分布,在干燥时间为 30 min 时,物料内部压强从左侧(迎风面)向右侧(背风面)推进,且压力梯度呈现较一致的纵向平行分布,这是由于物料迎风面受到风速高于背风面,气流带动辐射热量向物料的背风面移动,使迎风面吸收的辐射能小于背风面,致使温度也小于右侧。干燥时间为 60 min 和 90 min 时,压力梯度等值线集中在物料的右上侧,这可能与该处温度较高有关。图 5-4(d)为 6 个干燥时间(60 min、90 min、120 min、150 min、180 min 和 210 min)下多孔介质干区迁移等值线图。在速度场、温度场以及压力场的推动下,物料内部水蒸气逐渐向右下侧推进,这是因为物料迎风面和其上表面充分暴露在流场中,受风速和温度的影响比较大,更易于进行质量和热量传递,因此物料干燥区域的迁移方向朝向右下侧移动。

5.3　微波真空冻干下的热质传递

微波真空冷冻干燥是在真空冷冻干燥的基础上,将加热单元设置为微波加热单元的干燥方式。微波真空冷冻干燥具有干燥速度快、干燥时间短、能耗低的特点,当参数设置合理时,干燥产品品质可比肩真空冷冻干燥,具有广阔的市场应用前景。微波真空冷冻干燥机设备原理如图 5-5 所示。

Wang 和 Chen 用数学模型研究了甘露醇水溶液的微波真空冷冻干燥过程,他们使用有限差分法并考虑了边界的移动,他们研究发现,干燥速率在初级干燥阶段由传质控制,而在二级干燥阶段由传热控制。Nastaj 和 Witkiewicz 将物料分为干区和湿区,采用数值方法研究了微波冷冻干燥的质热传递,他们的研究中,考虑了升华界面的变化和物料内部的压力降。

段续等通过矢量网络分析仪对白蘑菇介电特性进行精确测定,得出白蘑菇介电损耗因子相对其温度和水分含量的回归方程;在此基础上利用较为通用

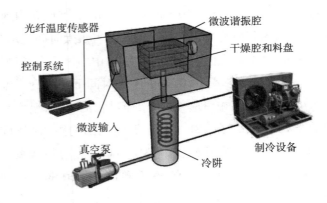

图 5-5　微波冷冻干燥机的原理图

的升华—冷凝模型对微波冻干过程质热传递进行了数值模拟研究,通过白蘑菇微波冻干试验验证,表明考虑了介电特性的微波冻干质热传递模型可对物料温度分布进行较准确的预测。

参考文献

[1]孙芳,江水泉.我国果蔬干燥加工技术现状及发展前景[J].粮食与食品工业,2016,23(4):11-15,20.

[2]庄丽娟,邱泽慧.2019年中国荔枝产业发展特征与政策建议[J].中国南方果树,2021,50(4):184-188.

[3]刘伟,林树花,李高阳,等.国内外果蔬保鲜与贮藏标准的分析[J].湖南农业科学,2014,14:65-67,72.

[4]农业农村部印发《全国农产品加工业与农村一二三产业融合发展规划(2016—2020年)》[J].科学种养,2017,01:4.

[5]ZHU YUE QIANG,WANG PENG,SUN DONGLIANG,et al. Multiphase porous media model with thermo－hydro and mechanical bidirectional coupling for food convective drying[J]. International Journal of Heat and Mass Transfer,2021,175:121356.

[6]JHA APRAJEETA,TRIPATHY P P. Optimization of process parameters and numerical modeling of heat and mass transfer during simulated solar drying of

paddy[J]. Computers and Electonics in Agriculture,2021,187:106215

[7]TELEKEN JHONY T,QUADRI MARINTHO B,OLIVEIRA ANTONIO P N,et al. Mechanistic understanding of microwave － vacuum drying of non － deformable porous media[J]. Drying Technology,2021,39(7):850-867.

[8]KRAIEM AMAL,MADIOULI JAMEL,SGHAIER JALILA,et al. Significance of Bed Shrinkage on Heat and Mass Transfer During the Transport Phenomenon of Humid Air. Arabian Journal For Science And Engineering, 2021,46(6):6085-6099.

[9]UPADHYAY SUBRAHAMANYAM, RAI K N. A Mathematical Model on Heat Mass Transfer Including Relaxation Time for Different Geometries During Drying of Foods. Journal Of Heat Transfer－Transactions Of The Asme. 2020,142(9):092102.

[10] SINHA ANKITA, BHARGAV ATUL. A simplified modelling approach for predicting shrinkage and sensitive material properties during low temperature air drying of porous food materials [J]. Journal of Food Engineering, 2022, 317:110732.

[11]SHORSTKII IVAN,SOSNIN MAXIM,SMETANA SERGIY,et al. Correlation of the cell disintegration index with Luikov's heat and mass transfer parameters for drying of pulsed electric field (PEF) pretreated plant materials[J]. Journal of Food Engineering,2022,316:110822.

[12]ONWUDE DANIEL I,HASHIM NORHASHILA,CHEN GUANGNAN,et al. A fully coupled multiphase model forinfrared－convectivedrying of sweet potato [J]. Journal Of The Science Of Food And Agriculture, 2021, 101 (2): 398-413.

[13]HOU LI XIA,ZHOU XU,WANG SHAO JIN. Numerical analysis of heat and mass transfer in kiwifruit slices during combined radio frequency and vacuum drying [J]. International Journal Of Heat And Mass Transfer, 2020, 154:119704.

[14] DEMIR HASAN, CIHAN ERTUGRUL, DEMIR HANDE. 3D simulation of transport phenomena of onion drying with moving boundary in a vacuum oven [J]. Journal of Food Process Engineering,2020,43(4):e13361.

[15] CHEN L, ZHANG X - R. A review study of solid - gas sublimation flow for refrigeration:From basic mechanism to applications[J]. International Journal of Refrigeration. 2014,40:61-83.

[16] ZHANG S,LIU J. Distribution of Vapor Pressure in the Vacuum Freeze-Drying Equipment[J]. Mathematical Problems in Engineering, 2012,2012:1-10.

[17] GHAJAR M H, HASHEMABADI S H. CFD Simulation of Capillary Condensation during Freeze Drying of Porous Material [J]. Chemical Engineering & Technology. 2011,34:1136-1142.

[18] KYUYA NAKAGAWA, TAKAAKI OCHIAI. A mathematical model of multi - dimensional freeze-drying for food products[J]. Journal of Food Engineering, 2015,161:55-67.

[19] ALEXANDER D W, ARQUIZA J M R, ASHIM K D. A multiphase porous medium transport model with distributed sublimation front to simulate vacuum freeze drying[J]. Food and Bioproducts Processing,2015,94:637-648.

[20] 任广跃,张伟,张乐道,等. 多孔介质常压冷冻干燥质热耦合传递数值模拟 [J].农业机械学报,2016,47(3):214-220,227.

[21] WANG, CHEN W, G H, Freeze drying with dielectric - material - assisted microwave heating[J]. AICHE Journal,2007,53:3077-3088.

[22] NASTAJ J F, WITKIEWICZ K. Mathematical modeling of the primary and secondary vacuum freeze drying of random solids at microwave heating [J]. International Journal of Heat and Mass Transfer,2009,52:4796-4806.

[23] 段续,闫莎莎,曾凡莲,等. 基于介电特性的白蘑菇微波冻干传热传质模拟 [J].现代食品科技,2016,32(6):177-182.

第6章 微尺度热质传递
在果蔬干燥中的应用

6.1 果蔬内部热质传递基本在微尺度条件下进行

    果蔬是一种典型的多孔介质物料,其孔道尺度在几微米至几百微米之间。分子平均自由程(λ)和无量纲数-Knudsen 数 K_n 是多孔介质物料干燥过程中两个重要的尺度表征参数。其中,λ 表征的是分子在两次相继碰撞间走过的距离。气体的 λ 值在海平面上约为 0.07×10^{-6} m,在 70 km 高空中约为 1 mm,而 70 km 高空的绝对压力约为 0.03 mmHg(4 Pa)。在真空冷冻干燥过程中,冻干室内的绝对压强保持在 20~100 Pa 之间,此时气体的 λ 值在 10^{-3}~10^{-2} m 之间。而 K_n 表征的是分子平均自由程与流动特征尺寸的比值。当 $K_n < 10^{-3}$ 时,气体分子间的碰撞频率远比气体粒子与物体之间的碰撞频率高得多,称为连续介质区,此时 N-S 方程及 Fourier 热传导定律适用,可用常规传热学与流体力学研究;当 $K_n > 10^{-3}$ 时,连续介质区的理论不再适用,在连续介质区可以被忽略的效应显得非常重要,这些效应对流动以及热质传递起着重要的作用,包括速度滑移和温度跳跃等微尺度效应。而果蔬多孔介质孔道内的 K_n 大部分大于 10^{-3},微尺度效应较为显著,果蔬孔道内的传热传质基本在微尺度效应影响下进行。

    果蔬干燥按所处的压力高低,分为低压干燥和常压干燥。当果蔬在低压下进行干燥时,如真空冷冻干燥、真空干燥、微波真空冷冻干燥,气体的分子自由程 λ 值在 10^{-5}~10^{-3} m,果蔬孔道数量级在 10^{-6}~10^{-4} m,表征分子平均自由程与流动特征尺寸的比值的 K_n 数总是不小于 10^{-3},不遵循连续介质假定,微尺度效应势必凸显。当果蔬在常压下进行干燥时,如热风干燥、红外干燥、微波干燥,气体的分子自由程 λ 值数量级在 10^{-7} m,孔道内 K_n 数也有大部分不小于 10^{-3},经常不遵循连续介质假定,内部的流动、传热现象受微尺度效应影响很大。因此,果蔬干燥过程中,涉及孔道内水蒸气传输的流动以及孔壁热量传递都在微尺度效应影响下进行。

6.2　微尺度效应成为解决干燥中传热传质问题的新方法

目前,出现了一些想观察真空冷冻干燥过程中冰晶变化等现象的实验研究。Kauppinen 等证明采用拉曼光谱仪耦合微尺度冻干台对样品的固态形态进行在线监测是可行的。Warning 等以牛肉为对象,研究了多孔介质真空冷冻干燥过程中冰峰的迁移。他们假设只在左侧面进行质热传递,其他三面是完全绝缘的,左侧面的热通量只有辐射、对流和传导,且没有传质阻力,所有的冰直接变成气,没有液体存在。在他们的研究中,提到了多孔介质中存在 K_n 数约等于 1 的情况,并指出这种情况与传统的连续介质假设存在偏差。

2017 年,Scutella 等在实验中发现,真空冷冻干燥药品时,位于中间的药品经常出现坍塌现象,药瓶的位置影响干燥品质。他们在数值模拟中考虑了低压水蒸气的热传导,结果发现,低压水蒸气的热传导作用是影响干燥品质的主要因素。2018 年,Scutella 等采用了数值模拟的办法,通过改变干燥参数解决不同位置传热速率不同的问题,结果发现,药品的装载量对传热影响显著,而干燥室的尺寸、药瓶的热导率对传热影响非常小。在这些研究中,都用基于连续介质理论的质热传递方程研究了真空条件下冻干室内不遵循连续介质理论的稀薄气体。

果蔬的孔道属多尺度范畴。在多尺度系统中,微尺度(孔道尺度在 $10^{-6} \sim 10^{-4}$ m 之间)下的三传现象需要重新考虑,热量传递、能量传递、动量传递不能再被宏观理论准确地预测。然而,为了减少计算的复杂性,微尺度下物料内部的传递过程通常被忽略,而是建立一个粗的模型考虑平均过程。Harmand 等建立了预测三相线附近蒸发的模型,与试验结果对比后凸显了该模型对预测微尺度区域蒸发的局限性。在试验中,他们观察到了气—液界面处的不稳定性,认为这种不稳定性是由相界面处的温度梯度引起的。

Capozzi 等采用多尺度方法建立模型研究了喷雾冷冻干燥过程。他们在模型中生成真实的微粒充填物,然后确定孔隙尺度上的一些相关特征,即孔隙度、弯曲度、颗粒间空隙的平均大小和渗透率。他们指出:多分散性增加了传质阻力,延长了干燥时间。Langrish 指出多尺度的数学模型可应用于喷雾干燥器,从整个干燥系统(最大尺度)至单个颗粒(最小尺度)的数值仿真都有相应的价值,建议先用最大尺度,再用最小尺度进行研究。

果蔬干燥过程中微观结构发生动态变化。目前,描述食品干燥的模型通常假设一个近似材料的基本结构和连续的流体相接触。这种假设忽略了食物材料放入异质性。多尺度建模能克服这一限制,并促进微观层面上热量和质量传递机理的发展。Welsh 等建立了食品干燥的多尺度均质化模型。在他们的模型中,分别考虑细胞内(结合水)和自由水,对苹果组织的细胞结构进行均匀化,计算对流干燥的有效扩散系数。他们的结果表明,将微观结构演化引入非均质结构的食品材料中与实验结果更加吻合,更能说明干燥机理。Kohout 和 Stepanek 利用多尺度方法建立了真空接触干燥的模型。

果蔬具有多孔性、异质性和细胞取向差异巨大的特点。不同细胞环境,如细胞间环境、细胞内环境和细胞壁环境,所含水分比例不同,特征也不同。干燥过程中发生的热量和质量传输过程主要取决于细胞的特性和细胞内部的变化,很难被准确描述。Welsh 等指出用多尺度建模描述食品干燥过程是一项非常具有挑战的工作,但是一种描述干燥过程极其重要的方法。

6.3　微尺度效应在果蔬干燥热质传递中的应用

6.3.1　在真空冷冻干燥中的应用

真空冷冻干燥是目前干制品质最好的干燥方法,因其存在干燥时间长、真空系统长时间运行造成能耗高、成本高的问题而制约了其在干燥领域的应用。若能减少干燥时间,则能降低真空冷冻干燥的成本,解除其在干燥领域广泛应用的制约因素。要想减少干燥时间,则必先考虑加快干燥速度。影响干燥速度的主要因素包括冰升华为水蒸气、水蒸气在果蔬孔道内的输送和在冻干室内的捕捉速率。而明晰这 3 个因素的作用机制,才有望调控干燥速率,因此,需要对其孔道内的传热传质问题进行详细研究。

在果蔬的冻干过程中,样品表面的冰率先升华,冰升华后在表面形成孔道。随着升华的持续进行,冰锋逐渐退却,冰锋与样品表面的距离逐渐增加,由冰—气界面升华得到的水蒸气溢出样品需要经过的孔道逐渐变长,水蒸气溢出物料需要克服的阻力逐渐增加,如图 6-1 所示。

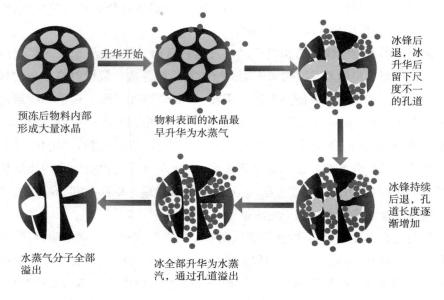

图 6-1　真空冷冻干燥过程中水分迁移示意图

　　冻结果蔬样品,其冰晶升华后留下孔道的特征尺度一般在 $10^{-6} \sim 10^{-4}$ m 之间,冻干室内分子平均自由程的尺度在 $10^{-3} \sim 10^{-2}$ 之间,分子平均自由程与流动特征尺度的比值 K_n 值大于 10^{-3},水蒸气在孔道内的流动跨越速度滑移与温度跳跃区、过渡区和自由分子区三个流区,连续介质理论不再适用。

　　van der Sman 等将食品多孔结构看作直径 $20 \sim 100$ μm,长 5 mm 的微管,建立考虑微尺度效应的多尺度模型。果蔬内部孔径尺度大小不一,具有复杂的弯曲度,为便于研究,参照 Wu 等研究液态水在多孔介质中蒸发的模型和 van der Sman 等的方法将该特征结构简化为具有当量水力直径和当量长度的直通道。假设果蔬内部具有大量的直通道,如图 6-2 所示,这些通道相互平行,通道截面可以是圆形、椭圆形、矩形,通道壁面不变形,互相平行的通道之间充满了物理性质随时间变化的固体壁面。

　　为了便于研究,需要对物料内部复杂的多尺度多孔道结构进行合理化假设。该模型的建立基于如下假设:

　　(1)假设冰—水蒸气之间存在不考虑厚度的界面。

　　(2)壁面和相界面的温度保持恒定不变。

　　(3)水蒸气溢出孔道时不被壁面吸附。

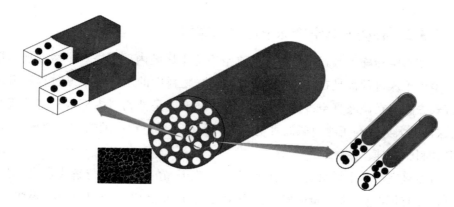

图 6-2　怀山药多孔结构示意图

（4）冰晶具有均匀一致的热导率、密度和比热。

（5）忽略物料的收缩性，孔道壁面视为刚性壁面。

参照 Zahmatkesh 等研究微通道内气体流动的方法，可以在 Navier-Stokes 方程、能量方程、连续方程的基础上使用速度滑移和温度跳跃等微尺度效应做边界条件。

目前已有大量针对稀薄气体运动特性的研究，也有很多与稀薄气体在微孔道内的流动相关的研究。Patronis 和 Lockerby 提到了气体在非等温微孔道内流动的多尺度模拟方法，介绍了用来模拟非等温、低速、内部稀薄气体流动的方法。Larina 和 Rykov 用数值方法研究了平板微孔道内稀薄的双原子气体的流动。Vocale 等研究了椭圆横截面微孔道内稀薄气体的流动。Guo 等研究了考虑二阶滑移的气体非稳态流动。对于几何结构复杂的微通道，流动过程中的动量和能量方程以及边界条件组成的方程组可以用 Comsol Multiphysics 求解。Comsol Multiphysics 的分子流模块（molecular flow module）可用于仿真和分析具有复杂 CAD 结构的真空系统中的稀薄气体流动、微纳尺度流动等情况，适用于流体不再满足连续介质力学假设的情形。

粒子升华流动力学研究基于多相流流体动力学，而升华流的发展需要依赖固—气两相流的基本方法，Wang 等指出考虑微尺度的升华流系统分析将是未来的发展方向。2013 年，Sharipov 研究了短管内稀薄气体的瞬时流动并计算短管进出口的质量流量。2014 年，Teodoro 等应用真空物理技术研究了气体通过软木塞时的渗透性。

6.3.2　在微波真空冷冻干燥中的应用

微波真空冷冻干燥就是在传统的真空冷冻干燥腔内部引进一个微波加热单元。整个干燥过程都是在真空状态下完成的,物料中的水分在干燥过程以升华的方式去除。在微波真空冷冻干燥系统中,微波能是被物料内部水分直接吸收的,这样就大大提高了物料微波真空冷冻干燥在干燥过程中的热利用效率,从而提升物料干燥速率。

微波真空冷冻干燥具有替代传统真空冷冻干燥的潜力,亟待解决焦化(局部温度过高)的问题。在大量的实验研究中发现,产品品质下降(如焦化、褐变)主要是由物料局部温度过高造成的。为解决这一问题,Jiang 等通过红外摄像机的照片和数学统计软件分析微波真空冷冻干燥香蕉块过程中温度的均匀性。在他们的研究中,采用调节微波功率和喷动脉冲时间优化物料温度的均匀性,并未对温度均匀性的机制做出解释。只有深入发展针对果蔬特有多孔结构的微波真空冷冻干燥质热传递理论,才能从根本上控制干燥过程,解决局部温度过高的问题。

针对微波真空冷冻干燥物料局部温度过高的研究主要存在如下问题:①当前研究主要集中在优化干燥参数和与经验模型相对应上,而冻干过程的水分迁移机制尚不明了,通过掌握冻干过程中水分迁移机制并提出策略来控制水分分布是解决物料局部温度过高的最根本方式;②冻干室内具有稀薄气体环境,分子自由程较常压下的大,气体流动以及热、质传递规律不再符合连续介质理论,另外,水蒸气从物料内部溢出在冻干室内迁移直至最后被冷阱捕捉,温降超过60℃,冻干室内存在温度梯度,而冻干室内水分迁移规律对水分分布有重要影响,目前还没有针对冻干室内水分迁移规律的研究;③冻干开始后,物料孔道逐渐变长,水蒸气溢出该较长孔道的阻力将直接影响微波真空冷冻干燥物料内的水分分布,而目前尚未有针对水蒸气在食品多尺度孔道内溢出机理的研究。如何使冻干室和食品物料内部孔道内的水蒸气流动稳定性减弱从而减小质热传递阻力,使水分和温度分布均匀的研究还是一个空白。

本书作者在微波真空冷冻干燥的不同阶段,将物料取出并剖开,发现在物料内部会有局部融化、局部焦化现象,这都与物料内部以及周围水蒸气迁移快慢、温度分布是否均匀有关。这就引出这样几个问题:①在干燥的不同阶段,冰锋位置不同,所需的升华热也不同,水蒸气溢出孔道需要克服的阻力也不同,该如何根据冻干物料的状态合理调整微波辐射功率和强度、真空度,从而加快水蒸气溢出孔道的速率,从而减小水蒸气溢出孔道的阻力、使物料内部温度分布均匀？②冻干室内水蒸气分布直接影响物料内水分迁移速率,而冻干室内水蒸气分布机理如何？③怎样调控冻干室水蒸气分布,从而提高水分迁移的速率、增加物料内部的温度均匀性？这几个问题如图 6-3 所示。

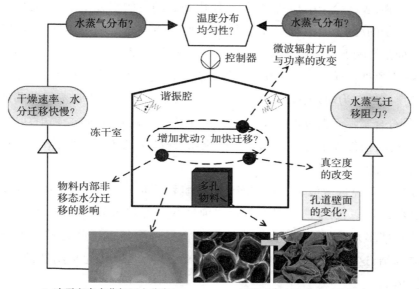

图 6-3　微尺度效应在果蔬微波真空冷冻干燥上应用的示意图

　　在微波真空冷冻干燥过程中,微孔道内水分的迁移阻力和冻干室内水分的迁移规律直接决定了水分分布,而物料内水分分布直接影响物料内部温度分布。在冻干过程中,冰锋面不断变化,水蒸气溢出孔道的阻力和速率不断发生变化,孔道壁面的粗糙度等表面特性也在变化,而真空度的大小、微波辐射方向和辐射功率又对这些现象起着什么样的作用？它们的作用机理是什么？水蒸气溢出孔道后在冻干室迁移直至被冷阱捕捉,水蒸气在冻干室内的迁移规律又由水蒸气分布和温度分布决定,而水蒸气分布和温度分布受真空度、微波辐射方向和辐射功率等操作参数的影响,它们的影响机制如何？在以上研究的基础上,通过间歇式改变真空度、微波辐射方向和辐射功率使冻干室内和物料孔道内出现非稳态流动、加快质热传递、减小水蒸汽的溢出和迁移阻力、使温度分布均匀,而在此过程中,这些操作参数具体的影响机制如何?

冰锋面在干燥过程中不断变化,不同位置的孔道冰锋面移动的速度又有差别,而由冰升华为水蒸气溢出时通过的孔道为微孔道,冻干室和冻干物料内部均存在 $K_n > 10^{-3}$、连续介质理论不再适用的情况。在冻干物料的微孔道表面上,表面活性增强,表面分子结构变得复杂,作用在运动着的水分子上,从而加快或者抑制水分子的溢出,最终可反映在两个方面:一方面是影响水蒸气的流动速度,另一方面是影响温度传递。流动速度主要体现在气流在孔道表面形成的速度滑移现象,而温度传递主要体现在壁面处存在的温度跳跃现象。因此,以冻干过程中的微尺度效应为切入点研究果蔬微波真空冷冻干燥过程中水蒸气迁移的质热传递,是符合实际干燥过程的;而通过改变最为常见的辐射方向、辐射功率、真空度等操作条件,使冻干室内形成非稳态流场、提高质热传递速率、增加物料内部温度均匀性的实验又是容易实施的。

新鲜果蔬经过微波真空冷冻干燥处理后,形成很多孔状结构。可以假设这些孔状结构一直存在,只是在干燥之前这些孔都被水分子占据,水分去除后留下了这些多孔结构。因此,水蒸气溢出物料时需经过这些孔道。由于物料被预先冻结,这些孔道壁面的变形可以忽略,孔道壁可认为是刚性的、无收缩性的固体。

由于微波真空冷冻干燥过程中,水分以冰升华为水蒸气的形式去除,所以整个样品结构不会坍塌、样品不发生变形,前面述及用来研究真空冷冻干燥过程中流体流动和传热的方法和合理化假设也可以采用。

微尺度效应除了可以在真空冷冻干燥、微波真空冷冻干燥中应用外,也可以在真空干燥、热风干燥、红外干燥等干燥方法上使用。将微尺度效应引入已经建立的考虑收缩现象的干燥模型中,必将对干燥过程传热传质机理的发展起到推动作用,为后续干燥机械设计、干燥过程的控制起支撑作用。

参考文献

[1]沈青. 认识稀薄气体动力学[J]. 力学与实践. 2002,6:1-14.

[2]LIM C Y,SHU C,NIU X D,et al. Application of lattice Boltzmann method to simulate microchannel flows[J]. Physics of Fluids. 2002,14:2299-2308.

[3]KAUPPINEN A,TOIVIAINEN M,AALTONEN J,et al. Microscale Freeze-Drying with Raman Spectroscopy as a Tool for Process Development. Analytical Chemistry[J]. 2013,85(4):2109-2116.

[4]WARNING A D,ARQUIZA J M R,DATTA A K. A multiphase porous medium transport model with distributed sublimation front to simulate vacuum freeze drying [J]. Food and Bioproducts Processing,2015,94:637-648.

[5]SCUTELLA B, PLANA-FATTORI A, PASSOT S, et al. 3D mathematical modelling to understand atypical heat transfer observed in vial freeze-drying[J]. Applied Thermal Engineering,2017,126:226-236.

[6]SCUTELLA B,BOURLES E,PLANA-FATTORI A,et al. Effect of Freeze Dryer Design on Heat Transfer Variability Investigated Using a 3D Mathematical Model [J]. Journalof Pharmaceutical Sciences,2018,107:2098-2106.

[7]HARMAND S,SEFIANE K,LANCIAL N,et al. Experimental and theoretical investigation of the evaporation and stability of a meniscus in a flat micro-channel [J]. International Journal of Thermal Sciences, 2011,50:1845-1852.

[8]CAPOZZI L C, BARRESI A A, PISANO R. A multi-scale computational framework for modeling the freeze-drying of microparticles in packed-beds[J]. Powder Technology,2019,343:834-846.

[9]LANGRISH,T A G. Multi-scale mathematical modelling of spray dryers[J]. Journal of Food Engineering,2009,93(2):218-228.

[10]WELSH Z G,KHAN M I H,KARIM M A. Multiscale modeling for food drying: A homogenized diffusion approach [J]. Journal of Food Engineering, 2021, 292:110252.

[11]KOHOUT M,STEPANEK F. Multi-scale analysis of vacuum contact drying[J]. Drying Technology,2007,25(7-8):1265-1273.

[12]WELSH Z,SIMPSON M J,KHAN M I H,et al. Multiscale Modeling for Food Drying:State of the Art[J]. Comprehesive Reviews in Food Science and Food Safety,2018,17(5):1293-1308.

[13]VAN DER SMAN R G M,VERGELDT F J,VAN AS H,et al. Multiphysics pore-scale model for the rehydration of porous foods[J]. Innovative Food Science & Emerging Technologies. 2014,24:69-79.

［14］WU R,CUI G－M,CHEN R. Pore network study of slow evaporation in hydrophobic porous media［J］. International Journal of Heat and Mass Transfer. 2014,68：310-323.

［15］ZAHMATKESH I,ALISHAHI M M,EMDAD H. New velocity－slip and temperature－jump boundary conditions for Navier－Stokes computation of gas mixture flows in microgeometries［J］. Mechanics Research Communications, 2011,38：417-424.

［16］PATRONIS A,LOCKERBY D A. Multiscale simulation of non－isothermal microchannel gas flows［J］. Journal of Computational Physics, 2014, 270： 532-543.

［17］LARINA I N,RYKOV V A. Numerical study of unsteady rarefied diatomic gas flows in a plane microchannel［J］. Computational Mathematics and Mathematical Physics, 2014,54：1293-1304.

［18］VOCALE P,MORINI G L,SPIGA M. Dilute gas flows through elliptic microchannels under H2 boundary conditions［J］. International Journal of Heat and Mass Transfer, 2014,71：376-385.

［19］GUO Z,QIN J,ZHENG C. Generalized second-order slip boundary condition for nonequilibrium gas flows［J］. Physical Review E, 2014,89：18-27.

［20］WANG W,LU B,ZHANG N,et al. A review of multiscale CFD for gas-solid CFB modeling［J］. International Journal of Multiphase Flow, 2010,36：109-118.

［21］SHARIPOV F. Transient flow of rarefied gas through a short tube［J］. Vacuum, 2013,90：25-30.

［22］TEODORO O M N D,FONSECA A L,PEREIRA H,et al. Vacuum physics applied to the transport of gases through cork［J］. Vacuum, 2014,109：397-400.

［23］DUAN X,ZHANG M,MUJUMDAR A S,et al. Trends in microwave－assisted freeze drying of foods［J］. Drying Technology,2010,28：444-453.

［24］DUAN X,LIU W C,REN G Y,et al. Browning Behavior of Button Mushrooms during Microwave Freeze Drying［J］. Drying Technology,2016,34：1373-1379.

［25］JIANG H,ZHANG M,MUJUMDAR A S,et al. Drying uniformity analysis of pulse－spouted microwave－freeze drying of banana cubes［J］. Drying Technology,2016,34：539-546.